Conseil supérieur de la sûreté
et de l'information nucléaires

Sûreté des centrales et des déchets nucléaires

Éléments de débat

ISBN 2-11-005209-0

ommaire

Introduction

Certains justifient le choix majeur qui a été fait de donner à la production nucléaire d'énergie électrique une place dominante dans notre pays par les avantages qu'il lui procure (indépendance énergétique, stabilité des coûts du combustible, compétitivité du prix du kilowatt-heure, contribution à la lutte contre l'effet de serre). Nombreuses sont néanmoins les questions que se posent les Français à son propos. Les craintes concernent le devenir des déchets issus des réacteurs, les rejets radioactifs des centrales, ou encore le transport des matières nucléaires : quels risques sont-ils susceptibles d'induire pour la santé et pour l'environnement ? Ces craintes sont accentuées par le souvenir de l'événement majeur que fut l'accident de Tchernobyl : une catastrophe de même ampleur pourrait-elle se produire dans notre pays ?

Il importe d'aborder l'ensemble de ces questions sans détours et d'apporter aux Français des informations aussi factuelles que possible, établies de façon contradictoire.

Des choix thématiques prioritaires

Le CSSIN a fait le choix de porter spécifiquement son attention sur trois grands thèmes qui sont de sa compétence propre : les connaissances actuelles sur les effets des irradiations sur la santé ; les interrogations relatives à la sûreté des centrales nucléaires (sûreté et durée de vie des centrales en service, démantèlement des centrales en arrêt définitif, projets envisageables pour d'éventuels nouveaux réacteurs) ; la gestion des combustibles usés issus des réacteurs électronucléaires.

Leur exposé est précédé d'une courte introduction décrivant de façon aussi factuelle que possible la situation actuelle du parc électronucléaire français.

Nous avons conscience de ne pas avoir épuisé les questions qui se posent : que sont l'ensemble des conséquences de la situation actuelle de notre pays, qui tire plus des trois quarts de son énergie électrique du nucléaire ? Que seraient les avantages et les inconvénients d'une inflexion de cette situation (utilisation d'autres sources, économies significatives de consommation d'énergie, etc.) ? D'autres questions importantes mériteraient également qu'on s'y attache : les risques de prolifération nucléaire, l'organisation formelle de l'ensemble de la filière électronucléaire et le rôle propre de chacun de ses acteurs, les capacités de la recherche scientifique pour trouver des voies novatrices de production d'énergie, etc.

Nous n'avons pas non plus traité des questions nouvelles et majeures créées par la situation de « l'après 11 septembre 2001 », l'essentiel du présent travail ayant été effectué avant les événements évoqués [1]. Leur nécessaire prise en compte n'atténue cependant en aucune manière l'importance des pistes de réflexion développées dans ce rapport.

1 On trouvera en annexe 2 copie de l'avis émis et diffusé par le CSSIN sur « l'information de la population vis-à-vis des risques nucléaires susceptibles de résulter d'actions terroristes ».

Une « mission impossible » ?

Comment informer sans déformer dans un domaine aussi propice aux controverses, voire aux polémiques ? Même le bref historique par lequel débute ce travail est loin de traiter d'une question « neutre » : le développement de l'électronucléaire en France est-il la réponse légitime apportée par les pouvoirs publics au premier choc pétrolier ou celui-ci a-t-il été judicieusement utilisé par un *lobby* industriel pour établir sa suprématie ?

Nous aurions pu tenter la solution classique du « un pour, un contre ». Encore aurait-il fallu pour cela que les membres du Conseil acceptent de se diviser selon cette dichotomie sommaire, qui ne reflète pas, de surcroît, la situation réelle de notre pays, nos concitoyens ayant eux-mêmes des opinions diversifiées et qui ne sauraient se résumer de façon aussi simplificatrice.

Nous avons donc choisi d'exposer les diverses questions qui se posent selon un développement unique, sans masquer, à chaque étape, les divergences de vues mais en essayant au contraire de les mettre en relief. Le texte auquel nous sommes ainsi parvenus ne saurait pour autant être considéré comme consensuel, et cela même dans sa façon d'exposer les controverses. Un véritable équilibre entre les diverses thèses en présence ne peut résulter que de la lecture attentive de l'ensemble du document : exposé liminaire des principales controverses, éléments d'information, discussions au sein et à l'issue de chaque chapitre, libres propos conclusifs de certains membres du CSSIN.

Nous espérons néanmoins que notre façon d'aborder la question de la production d'énergie dans notre pays, *en conformité avec la spécificité de notre mission* (la sûreté et l'information nucléaires), contribuera à éclairer les Français. Nous souhaitons surtout que le présent opuscule puisse être utilisé comme initiateur d'authentiques débats. En réalité, ce sont ces débats, nécessairement contradictoires, qui, seuls, permettront de se rapprocher vraiment de l'objectif d'information clairvoyante poursuivi.

Il nous faut pour cela non seulement diffuser largement ce document mais aussi trouver des « *corps intermédiaires* » susceptibles de prendre le relais de notre réflexion et de la porter auprès de la population française de façon aussi diversifiée que possible.

Nous comptons en particulier, pour ce faire, sur les Commissions locales d'information (CLI) des installations nucléaires et sur leur association, l'ANCLI (dont le président assiste régulièrement à nos travaux). Mais une immense majorité de nos citoyens, qui ne sont pas dans « l'orbite » d'une CLI, ont, eux aussi, le droit d'être informés et de débattre de l'ensemble de ces questions. Il est donc essentiel d'étendre largement le concept ci-dessus évoqué de « corps intermédiaires ».

Dans notre esprit, ce travail devrait contribuer à préparer en profondeur le débat démocratique et scientifique envisagé à propos de la question de l'énergie et, en particulier, de la contribution du nucléaire à sa production.

Principales controverses

Où sont exposées globalement les principales controverses soulevées par la production nucléaire d'énergie électrique. Ces diverses interrogations sont ensuite reprises, souvent à l'identique, au sein de chacun des chapitres auxquels elles se rapportent. Le lecteur peu familier avec les problèmes traités dans ce livret aura intérêt à consulter d'abord les chapitres ultérieurs, plus complets et donc d'un abord plus aisé que le présent chapitre.

Les principaux arguments avancés en faveur de la production nucléaire d'énergie électrique sont patents. Avec 400 milliards de kWh par an, elle représente aujourd'hui plus de 75 % de la production électrique française [1]. Elle se caractérise par un prix compétitif du kilowatt-heure, l'absence d'impact sur l'atmosphère des agglomérations urbaines (transport par fil, absence de rejet), là où se trouve la majorité de la population. Elle n'est accompagnée d'aucune émission de CO_2 (gaz à effet de serre planétaire). Elle est en faible dépendance commerciale à l'égard de pays tiers (et, de fait, elle s'accompagne d'un renforcement de la balance commerciale par exportation nette d'électricité). Les emplois directs et indirects qui lui sont associés sont largement situés en France, et la performance technologique française sur

1 Le reste se répartit en environ 15 % d'origine hydraulique et autres énergies renouvelables et 10 % d'origine thermique classique.

l'ensemble du cycle du combustible est internationalement reconnue.

Cinq interrogations toutefois interpellent à son sujet. Elles concernent :

– les effets sur la santé des « faibles » doses d'irradiation ;

– les incidents et risques d'accidents d'exploitation des réacteurs en service ;

– le démantèlement des réacteurs mis en arrêt définitif ;

– la sûreté des réacteurs susceptibles de remplacer les réacteurs actuellement en service ;

– la gestion des combustibles usés et l'opportunité de les retraiter [1].

Les effets sur la santé des « faibles » doses d'irradiation *Voir Chapitre II, p. 36*

Chacun s'accorde à reconnaître que l'on ne peut mesurer directement, par des méthodes épidémiologiques, les effets éventuels des faibles doses d'irradiation sur la santé mais que l'application du principe de précaution conduit à établir des normes exigeantes d'exposition maximale tant des travailleurs du nucléaire que de la population. On peut cependant exprimer des doutes quant à l'existence même de ces effets, dans la mesure où nos moyens de mesure ne permettent en aucune manière, à de si faibles niveaux d'exposition, de les mettre en évidence.

Certains estiment néanmoins légitime d'utiliser la valeur des risques aux doses où ils sont encore mesurables pour en déduire,

1 On a pris le parti d'employer les expressions d'usage « retraiter » et « retraitement » pour désigner les opérations de « traitement » des combustibles usés (séparation chimique de l'uranium, du plutonium et des produits de fission).

par extrapolation, leur valeur quantitative probable aux doses les plus faibles. Ils établissent ainsi les doses moyennes auxquelles seraient exposés les Français et calculent à partir de là un nombre hypothétique de décès susceptibles d'être attribués aux diverses causes d'irradiation (environnementales, militaires, accidentelles, médicales ou professionnelles). Ce nombre serait au total de l'ordre de quelques milliers de cas par an. Selon ces hypothèses, quelques dizaines de décès auraient été induits par les retombées des essais atomiques et de l'accident de Tchernobyl dans notre pays, et moins d'une dizaine de cas par an le seraient par les industries du nucléaire. Ces chiffres sont à rapporter aux quelque quatre cent mille décès annuels en France.

Les incidents et risques d'accidents d'exploitation des réacteurs en service

Voir Chapitre III, p. 47

Les centrales nucléaires sont étroitement surveillées quant aux incidents ou accidents qui peuvent en affecter le fonctionnement. Le CSSIN a lui-même contribué en son temps à la caractérisation de la gravité spécifique de chacun d'eux par l'établissement d'une *échelle de gravité*, l'échelle INES[1] (graduée de 0 à 7), aujourd'hui utilisée internationalement et récemment étendue aux transports des matières radioactives.

1 Voir p. 54.

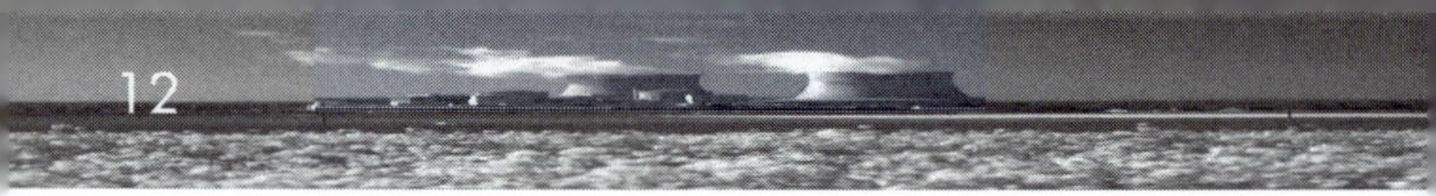

Les divergences d'opinion portent non sur l'existence de ces incidents ou accidents, ni sur la nécessité de les contrôler, ni sur la possibilité d'en tirer des informations pour améliorer la sûreté du système par *retour* d'expérience [1]. Elles portent sur les modalités de gestion de la sûreté du parc actuel de réacteurs et, d'autre part, sur les risques d'occurrence d'incidents ou accidents d'une gravité comparable à celle de l'accident de Tchernobyl.

Certains estiment que l'expérience accumulée depuis des années dans le domaine de la conception et de l'exploitation des réacteurs ont permis d'atteindre un très haut niveau de sûreté : ceci se traduit par la prise en compte de manière structurelle des enseignements du retour d'expérience national et international, l'amélioration continue des processus de prévention, de détection et de correction des anomalies et enfin l'intégration permanente des progrès de la connaissance. D'autres en doutent, sur la base des arguments suivants :

– la fragilité d'un système techniquement parlant trop uniforme, pour lequel, en cas d'incident créant un doute pour la sûreté d'une partie du parc, on pourrait hésiter à prendre des mesures de sûreté nécessaires mais très perturbantes pour la fourniture d'électricité ;

– la sensibilité, plus importante qu'on ne le prévoyait, de certaines composantes

1 Voir p. 49.

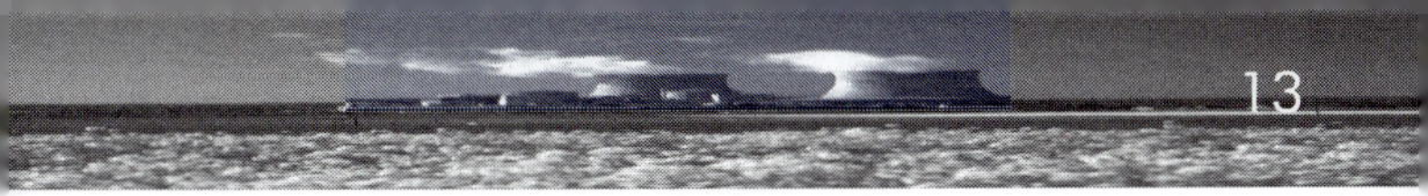

des installations nucléaires à un vieillissement prématuré ;

– la trop longue durée prévisionnelle avancée pour le fonctionnement des réacteurs en service (une quarantaine d'années au moins) ;

– le risque de voir les normes et pratiques de sûreté actuelles remises *de facto* en question dans le cadre de la déréglementation de la production d'énergie électrique à l'échelle européenne ;

– l'existence de risques majeurs provenant d'installations nucléaires situées ailleurs qu'en France, en particulier en Europe de l'Est ;

– l'impossibilité d'exclure complètement la survenue, en France même, d'un accident d'une gravité comparable à celle de Tchernobyl.

Le démantèlement des réacteurs mis en arrêt définitif *Voir Chapitre III, p. 56*

Le démantèlement des réacteurs et des centrales mis en arrêt définitif pose quatre grandes questions faisant l'objet de controverses : le devenir des déchets qui en résultent, le devenir des espaces libérés par la fermeture des dites centrales, la stratégie temporelle des opérations à conduire et enfin la radioprotection spécifique des travailleurs impliqués dans les opérations de démantèlement.

S'agissant du devenir des déchets de démantèlement, les autorités françaises

1 C'est-à-dire de seuils en deçà desquels les déchets de démantèlement pourraient être « banalisés » (voir p. 65).

ont retenu des exigences plus fortes que celle de la simple définition de *Seuils De Libération*[1]. Des divergences de vue continuent néanmoins d'opposer les exploitants, partisans du recyclage de certains matériaux de construction vérifiés inoffensifs, et ceux qui mettent en doute la fiabilité et la traçabilité d'une telle procédure.

En ce qui concerne les espaces libérés par une installation mise en arrêt définitif, les exploitants nucléaires défendent l'idée que la solution à adopter pourrait être différente selon que ces espaces seraient dévolus à des usages indifférenciés ou tant qu'ils resteraient sous le contrôle de l'exploitant nucléaire, voire qu'ils seraient réutilisés pour une nouvelle unité de production ou de stockage. Certains considèrent toutefois que cette option reviendrait à se débarrasser du problème sur les générations futures, avec de surcroît le risque d'avoir alors perdu la mémoire « vivante » de la contamination détaillée du site.

S'agissant de la stratégie temporelle du démantèlement, les avis là encore divergent. La mise en sommeil des installations pendant quelques dizaines d'années au-delà des premières phases de leur mise en arrêt ne fait pas l'unanimité, notamment pour les mêmes raisons que celles ci-dessus avancées : le renvoi des problèmes aux générations futures et le risque d'une perte de la mémoire de la contamination précise du site. Pour sa part EDF, estimant que le

gain en matière de radioprotection d'un tel décalage n'était pas déterminant, a décidé, début 2001, d'accélérer le démantèlement des centrales de première génération.

Enfin, la radioprotection des travailleurs du démantèlement – comme celle des populations riveraines et celle de l'environnement – pose de multiples questions, trop peu prises en compte jusqu'à maintenant aux dires de certains. L'une de celles-ci concerne les conditions de travail de ces travailleurs et la compétence des entreprises les employant. Si les premières expériences de démantèlement ont été conduites, pour l'essentiel, par des travailleurs formés et appartenant à des filiales des grandes entreprises du nucléaire, on peut craindre, au vu de la situation dans d'autres secteurs de déconstruction, que les travailleurs les plus exposés aux risques radiologiques ne bénéficient à l'avenir que d'une protection technique, sociale et médicale réduite. On rejoindrait là les questions souvent posées à propos de la sous-traitance et de l'utilisation de travailleurs intérimaires sur les sites nucléaires.

La sûreté des réacteurs susceptibles de remplacer les réacteurs actuellement en service *Voir Chapitre V, p. 73*

Certains mettent en doute la réalité des diverses améliorations envisagées par les concepteurs de nouveaux réacteurs (améliorations portant sur le rendement thermodynamique, la disponibilité et le niveau

de sûreté des réacteurs à l'étude et sur leur production de déchets radioactifs).

À propos de l'amélioration de la disponibilité des réacteurs, certains notent que l'allongement envisagé des cycles d'utilisation des combustibles et l'augmentation du taux de combustion engendreront de nouveaux problèmes de maintenance et que le combustible usé contiendra une plus forte concentration en substances hautement radiotoxiques (actinides). Ils ajoutent que l'indisponibilité temporaire d'une unité de production de grande puissance posera beaucoup plus de problèmes que celle d'une petite unité. Les exploitants font remarquer que l'option d'accroître la puissance nominale [1] – dont les avantages économiques ne sont pas évidents – ne sera pas nécessairement retenue.

À propos de l'amélioration du niveau de sûreté, certains estiment que les risques d'accidents de criticité croîtront en même temps que l'enrichissement des combustibles.

S'agissant enfin de la production des déchets, les mêmes notent que les projets actuels de réacteurs a eau conduisent, pour une même puissance nucléaire, à la même quantité de produits de fission. Ils regrettent dès lors que les recherches engagées ne portent pas prioritairement sur l'augmentation du rendement thermodynamique (aux fins de produire plus d'énergie utilisable pour la même puissance nucléaire et

1 La puissance maximale théorique.

donc moins de déchets pour la même quantité finale d'énergie).

La gestion des combustibles usés et l'opportunité de les retraiter

Voir Chapitre VI p. 85

S'agissant de l'*enfouissement des déchets nucléaires*, plusieurs questions majeures relèvent des choix directement associés à cette procédure :

– celui des sites de stockage : la recherche d'une bonne géologie peut mener à implanter un stockage en un lieu où la population n'avait auparavant jamais directement bénéficié de l'industrie nucléaire et où elle devrait néanmoins accepter des risques supplémentaires par délégation ;

– celui du choix entre réversibilité et irréversibilité du stockage : doit-on faire le choix d'une gestion de déchets avec nos techniques d'aujourd'hui, pour ne pas laisser ce fardeau à nos descendants, ou ne ferait-on pas mieux de laisser ce choix ouvert, puisqu'on peut espérer, pour demain, de meilleures techniques ?

– ceux enfin que prévoit la loi Bataille [1]. Celle-ci stipule en effet que l'on étudie pendant les années qui nous séparent de son échéance - 2006 – les différentes options envisageables afin de permettre aux élus, le moment venu, de prendre les décisions qui leur incombent au vu des

1 Loi 91-1381 du 30 décembre 1991. Voir p. 91

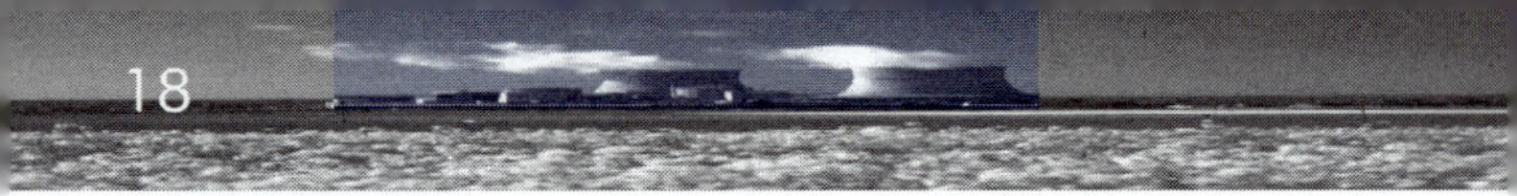

avantages et inconvénients de chacune d'elles [1].

Certains font valoir que, tant d'un point de vue scientifique qu'économique, si l'on décide dans l'avenir de retraiter les combustibles irradiés, il sera toujours possible de le faire. Tandis que si on les retraite maintenant, il ne sera pas possible de revenir en arrière. Ils considèrent donc qu'en l'attente de ces conclusions seul l'entreposage en l'état des combustibles laisse les choix du futur réellement ouverts.

Le *retraitement des combustibles usés* fait, quant à lui, l'objet de vives controverses. Il consiste à séparer les matières recyclables – uranium et plutonium – et à conditionner les déchets considérés comme ultimes sous une forme stable et non contaminante, de volume plus faible, et censée être bien adaptée à un éventuel stockage définitif.

Certains estiment cependant que cette technique ne réduit pas la quantité de plutonium autant que l'indiquent ses promoteurs et qu'elle pourrait conduire à la séparation d'autres « transuraniens » [2] particulièrement nocifs. Ils estiment également que la réduction de volume des déchets à stocker n'est pas démontrée si l'on prend en compte le volume propre de leurs emballages. Enfin, ils pensent que le volume des installations de stockage profond nécessaire dépend essentiellement de la quantité de chaleur dégagée et que celle-ci serait la même pour les déchets concentrés dans du verre que pour des combustibles usés non retraités.

1 La loi Bataille précise en son article 4 « *qu'à l'issue d'une période qui ne pourra excéder quinze ans à compter de la promulgation de la présente loi, le Gouvernement adressera au Parlement un rapport global d'évaluation de ces recherches accompagné d'un projet de loi autorisant, le cas échéant, la création d'un centre de stockage de déchets radioactifs à haute activité et à vie longue et fixant le régime des servitudes et des sujétions afférentes à ce centre* ».

2 Les transuraniens sont essentiellement le plutonium et, en moindre quantité, les actinides dits mineurs : neptunium, americium, curium. Parmi eux, seul le plutonium est séparé dans le procédé actuel de retraitement.

Les mêmes soulignent de surcroît que le plutonium n'existe pour ainsi dire pas à l'état naturel et que sa concentration par le processus de séparation pose en soi problème : à l'intérêt supposé de pouvoir le récupérer et l'utiliser, ils opposent les risques qui résultent de sa forte toxicité chimique et de sa radioactivité à très long terme. Ils considèrent que l'industrie du plutonium et le volume des transports à travers le pays qui lui sont associés conduisent à des risques de dissémination par accident ou par attentat, voire à des possibilités d'utilisation de cette substance à des fins militaire ou terroriste, accroissant ainsi les risques de prolifération nucléaire.

Ils ajoutent enfin que les usines de retraitement induisent des rejets supplémentaires dont la nature (les radioéléments concernés ne sont pas les mêmes que pour les centrales), la nocivité relative (ils sont cinq à six fois plus « actifs ») et la capacité de transfert à longue distance posent, elles aussi, problème.

Ils concluent en disant que la stratégie du retraitement n'aurait éventuellement de justification que si elle permettait de se débarrasser des déchets à durées de vie très longues, comme les actinides (neptunium, curium, etc.), mais que cela impliquerait d'augmenter notablement la taille des usines de retraitement.

Situation de la production...

Situation de la production d'énergie d'origine nucléaire en France

Où l'on rappelle quelques dates essentielles, tout en étant conscient qu'il ne saurait exister d'histoire parfaitement « objective »...

Bref historique

Quelques dates clés jalonnent l'histoire du parc nucléaire français :

1948 première étape dans la maîtrise de la fission des noyaux atomiques, la pile Zoé, conçue et réalisée en France, est mise en service à titre expérimental. Elle est de très faible puissance.

Le retraitement d'un élément combustible de Zoé fournit l'année suivante les premiers milligrammes de plutonium extraits dans notre pays.

1956-1966 six réacteurs de puissance, dits « UNGG » pour *uranium naturel graphite gaz*, sont mis en service.

Ces réacteurs utilisent de *l'uranium naturel* contenant de l'isotope fissile 235 (0,7 %), le *graphite* comme modérateur de l'énergie des neutrons et le *gaz carbonique* comme fluide transportant la chaleur vers les turbines à vapeur qui entraînent l'alternateur [1]. À noter que les trois premiers d'entre eux, G1, G2 et G3, conçus et exploités pour la partie réacteur par le CEA, avaient pour finalité de produire du plutonium.

1 Une centrale nucléaire est, pour l'essentiel, une installation industrielle utilisant l'énergie atomique pour produire de la chaleur, celle-ci étant ensuite transformée en énergie électrique par des voies « classiques ».

1966 EDF s'oriente vers des réacteurs à uranium enrichi en isotope 235 et *à eau sous pression* (REP) comme modérateur et fluide transportant la chaleur.

Ce type de réacteurs peut aussi, sous certaines conditions, utiliser un combustible, dit MOX [1], associant du plutonium à l'uranium naturel ou appauvri en isotope 235. Le plutonium est produit dans des réacteurs à partir de l'uranium 238, lui-même présent en grandes quantités dans le minerai et dans le combustible. La première utilisation en France de combustible de ce type, effectuée en coopération avec la Belgique, est celle de Chooz-SENA, en 1969.

Ce type de réacteur ne contribue pas à la production de plutonium à destination militaire.

1973 premier arrêt définitif d'un UNGG d'EDF [2].

1974 premier choc pétrolier. Le Gouvernement décide d'une forte augmentation de la part du nucléaire dans la production d'électricité.

1 Pour « mixed oxide » (oxyde mixte d'uranium et de plutonium).

2 Chinon A1.

Chargement du combustible dans le réacteur

© Médiathèque EDF/Patrick Landmann

Il s'appuie à cette fin sur le rapport d'une commission – la commission PEON (Production d'électricité d'origine nucléaire) – dont les conclusions en matière de prévision des besoins en énergie se sont avérées ensuite excessives. Dès 1977, un rapport parlementaire (le rapport Schlœssing) recommandait, en complément du programme électronucléaire, des économies d'énergie et un recours aux énergies renouvelables.

1990-1994 le coût d'exploitation de la filière UNGG contribue à l'arrêt définitif des tranches les plus puissantes et les plus modernes de ce type.

Il a également été tenu compte, dans la décision, du retour d'expérience de l'accident de Tchernobyl (les réacteurs UNGG ne disposaient pas d'une enceinte de confinement constituant une troisième barrière de sécurité).

Le parc actuel de centrales électronucléaires en France

Le parc de centrales électronucléaires d'EDF est actuellement stabilisé : il n'y a pas de centrale en construction. Il comprend cinquante-huit réacteurs en exploitation, du modèle *à eau sous pression*, répartis sur dix-neuf sites. Chaque site comporte deux ou quatre réacteurs (l'un d'eux en comporte six). Ce parc contribue pour environ 75 % à la production nationale d'électricité.

Chargement du combustible dans le réacteur

© Médiathèque EDF/Patrick Landmann

1 MWe : mégawatt électrique.

2 À ne pas confondre avec leur durée d'amortissement financier, prévue par EDF sur vingt-cinq ans.

On a également développé en France une autre filière de réacteurs, dite à neutrons rapides. Ces réacteurs utilisent un combustible à forte teneur en plutonium, ce qui permet d'engendrer du plutonium additionel à partir de l'uranium 238. Suivant l'agencement du réacteur, on obtient finalement plus ou moins de ce plutonium intermédiaire : on dit que ce réacteur est *sur ou sous générateur* de plutonium. Le premier réacteur français de taille industrielle de ce type, Superphenix, à Creys-Malville, a été arrêté en 1998. Les motifs de cet arrêt font l'objet de vives controverses, qui ne seront pas développées ici dans la mesure où cette filière est aujourd'hui abandonnée en France ce qui ne signifie pas que le débat soit clos !

Trois grands paliers de puissance différencient ces réacteurs : trente-quatre de 900 MWe [1], vingt de 1 300 MWe et quatre de 1 450 MWe. Au sein de chacun des deux premiers paliers, il existe des modèles différents mais, de la première tranche (de 900 MWe, à Fessenheim) jusqu'à la plus récente (de 1 450 MWe, à Civaux), toutes résultent d'un développement technologique continu et présentent de grandes similitudes.

Les centrales les plus anciennes viennent de franchir leurs vingt ans d'existence. Si l'on retient avec EDF, sous réserve des contrôles et réévaluations de sûreté décennaux, une durée de vie d'une quarantaine d'années au moins [2] pour l'ensemble de son parc, on s'inscrit donc dans la perspective d'une durée de vie supplémentaire d'une vingtaine d'années au moins pour ces centrales. Les centrales les plus récentes, qui viennent de démarrer, pourraient, dans ces conditions, rester elles-mêmes en fonction au moins jusqu'en 2040.

Par comparaison, aux États-Unis, une centaine de réacteurs apportent 20 % de l'électricité produite. Les centrales les plus anciennes dépassent trente ans d'âge. Exploitants et autorités envisagent des durées de vie allant jusqu'à 60 ans, quelques autorisations en ce sens ayant déjà été accordées. En Allemagne, l'accord du 15 juin 2000 prévoit une durée d'exploitation de 32 ans à pleine puissance à compter de la mise en activité.

Dans le monde, il existe plus de quatre cents réacteurs en exploitation. Quelques dizaines sont en construction, essentiellement en Asie.

À côté de ce parc actif, neuf réacteurs au total sont actuellement en arrêt définitif [3].

 Implantation des installations nucléaires mentionnées dans cet ouvrage

Centrales nucléaires

1 Belleville
2 Blayais
3 Bugey
4 Cattenom
5 Chinon
6 Chooz
7 Civaux
8 Cruas
9 Dampierre-en-Burly
10 Fessenheim
11 Flamanville
12 Golfech
13 Gravelines
14 Nogent-sur-Seine
15 Paluel
16 Penly
17 Saint-Alban
18 Saint-Laurent-des-Eaux
19 Tricastin

Stockages des déchets (ANDRA)
20 La Hague

Usines
20 La Hague
21 Marcoule – Romans-sur-Isère

Autres
22 Creys-Malville

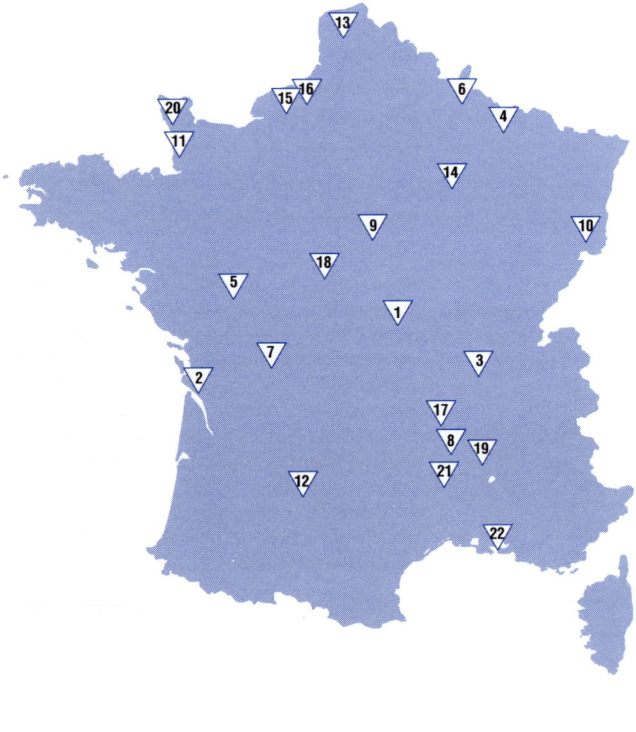

1
PARTIE

Les risques sanitaires

chapitre I

Effets des irradiations sur la santé

Où l'on décrit les trois modes de mesure des expositions et la nature, « déterministe » ou « stochastique », des risques encourus vis-à-vis de la santé. Où l'on évoque ensuite les diverses sources d'irradiations et les niveaux d'exposition correspondants.

Mesure des expositions

L'exposition de l'homme aux rayonnements ionisants peut être due à une irradiation *externe* par une source radioactive ou à une irradiation *interne* à la suite de l'ingestion ou de l'inhalation de particules radioactives. Les rayonnements ionisants peuvent provoquer des dommages au niveau des éléments du corps (cellules, tissus, organes) qu'ils atteignent. Ces dommages dépendent de la quantité d'énergie déposée mais aussi de la nature des rayonnements, des modalités d'exposition (durée, répartition temporelle des irradiations, etc.) et des éléments du corps concernés. On conçoit donc qu'il faille plusieurs types de mesures pour apprécier les risques.

– L'*activité* propre d'*une source radioactive* est définie par son nombre de désintégrations – ou plus précisément de *transitions nucléaires spontanées* – par seconde. L'unité de mesure (une transition nucléaire par seconde) est le *becquerel*, notée Bq. Le nombre de becquerels est habituellement mesuré par unité de volume ou de masse. L'activité s'exprime donc en becquerel par kilogramme (Bq/kg), par litre (Bq/l), ou par mètre cube (Bq/m^3).

À titre d'exemples, la radioactivité naturelle du lait est de 80 Bq/l, celle d'un sol granitique est de 8 000 Bq/kg et le rayonnement interne du corps humain est de 8 000 à 10 000 Bq. La radioactivité d'un élément donné décroît dans le temps. Pour mesurer cette décroissance, on utilise la notion de *période radioactive* qui correspond au temps nécessaire pour que la moitié des atomes radioactifs initialement présents ait disparu spontanément. Par exemple, la période radioactive de l'iode 131 est de 8 jours, celle du plutonium 239 de l'ordre de 24 000 ans.

– La *quantité d'énergie* absorbée par un élément irradié se mesure en joule par kilogramme de matière. L'unité (1 joule/kilogramme) est le *gray* (notée Gy).
– La *dose efficace* est une mesure estimative *synthétique*, pour un organisme vivant, qui

Scanner médical

La Documentation française
Photo Janine Nièpce/Rapho

prend en compte simultanément l'énergie absorbée, le type de rayonnement considéré (alpha, bêta, gamma, rayons X ou neutrons) et la sensibilité des cellules, tissus ou organes vis-à-vis des dommages. L'unité de mesure en est le *sievert* (Sv). Cette mesure est particulièrement adaptée aux problèmes de radioprotection. Elle permet de comparer différents types d'exposition.

– Le *débit de dose* est la dose efficace reçue pendant l'unité de temps.

De la source à la dose efficace

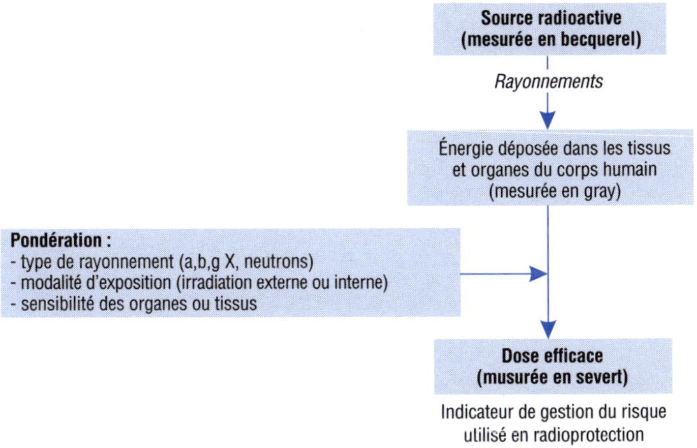

Nature des risques

Les effets associés à l'exposition à des rayonnements ionisants peuvent être classés en deux catégories : les effets dits *déterministes* et les effets dits *stochastiques* (ou *aléatoires* ou encore *probabilistes*).

Les effets déterministes

Ces effets concernent le plus souvent les expositions de courte durée à des doses élevées (de l'ordre de 0,2 à quelques dizaines de Gy) de personnes déterminées. Lorsque l'énergie déposée dans les organes ou les tissus atteint ces valeurs, les rayonnements ionisants entraînent la mort de nombreuses cellules et induisent des effets d'autant plus précoces que cette mortalité cellulaire aura été plus rapide et plus importante. Il peut s'agir par exemple, dans les jours ou semaines consécutifs à une telle exposition, de brûlures après une irradiation cutanée ou d'atrophies de la moelle osseuse [1] si l'ensemble du corps a été exposé. Une exposition à des doses de quelques Gy peut conduire au décès si l'exposition a été globale, homogène et délivrée à un haut débit de dose. D'autres effets peuvent aussi se manifester, comme une fibrose au sein du tissu irradié ou une cataracte.

1 C'est-à-dire de tissus qui jouent un rôle majeur dans la production des cellules sanguines et dans la défense immunitaire de l'organisme.

Les effets dits « stochastiques »

Ces effets concernent *a priori* les expositions à toutes les doses, y compris les doses faibles. On sait aujourd'hui que les lésions induites au niveau moléculaire ou cellulaire par les rayonnements ionisants peuvent être *réparées* par des mécanismes physiologiques spontanés. Mais cette réparation peut être incomplète ou erronée. Il persiste alors une lésion pouvant conduire à une mutation cellulaire. De telles mutations pourraient entraîner l'apparition d'effets héréditaires si la mutation impliquées dans la genèse d'un nouvel être vivant.

concerne une cellule germinale [2] ou induire des transformations cellulaires qui, plusieurs années après l'exposition, seraient susceptibles d'engendrer des cancers.

Ces effets doivent leur qualification de « stochastiques » au fait qu'on ne peut les mettre en évidence qu'à l'échelle de populations. Du fait même de leur rareté relative, on ne peut les recenser directement que par des enquêtes de nature épidémiologique. Ainsi de telles enquêtes ont-elles permis de mettre en évidence, pour des niveaux de dose ne dépassant pas 0,1 Sv, des excès de certaines variétés de cancers au sein des populations exposées. Ces risques ont été le plus souvent observés pour des irradiations délivrées à forts débits de dose. Pour les irradiations délivrées à faible débit, deux positions s'affrontent, qui

Sources d'exposition

Origines

Elles sont de trois origines : l'environnement, la pratique médicale, l'activité professionnelle.

Expositions environnementales

On distingue deux grands types de sources : naturelles ou résultant des activités humaines.

Au rang des premières figurent :

– les rayonnements cosmiques, qui varient avec l'altitude et la latitude ;

– les rayonnements telluriques [1], plus ou moins importants en fonction de la nature du sol ;

– le radon, un gaz radioactif issu du sol ou des matériaux, qui peut s'accumuler dans l'habitat ou sur les lieux de travail ;

1 Ceux qui proviennent de la terre.

– les radioéléments naturels présents dans l'environnement (air, eau, végétaux, animaux).

et au rang des secondes :

– les retombées des essais atmosphériques d'armes nucléaires et celles de l'accident de Tchernobyl ;

– les résidus d'activités de l'industrie nucléaire, qui peuvent être localisés (anciens sites industriels et de stockage) ou être dilués dans le milieu naturel (déchets radioactifs initialement mis en fûts et immergés) ;

– les rejets radioactifs, liquides et gazeux, des installations nucléaires et industrielles et des hôpitaux ;

– les sources radioactives égarées ...

Expositions médicales

L'utilisation des rayonnements ionisants en médecine est de loin, dans l'ensemble des expositions introduites par les activités humaines, la source d'exposition la plus importante de la population. Les différentes catégories d'exposition sont liées à l'utilisation des rayonnements pour le diagnostic (radiologie, scannographie et médecine nucléaire), la radiologie interventionnelle et la radiothérapie.

Expositions professionnelles

Le nombre de personnes travaillant dans les installations nucléaires et dans le domaine médical et industriel est en principe bien connu. Chaque travailleur dispose d'un suivi dosimétrique individuel et bénéficie d'une surveillance médicale particulière. On dénombre ainsi actuellement en France de l'ordre de 230 000 personnes susceptibles d'être professionnellement exposées, dont environ 60 000 dans l'industrie nucléaire elle-même.

Il subsiste néanmoins une inconnue importante : le nombre de travailleurs susceptibles d'être exposés sans le savoir à des sources dont ils ignoreraient l'existence ou la nocivité (par défaut d'information sur l'utilisation réglementée de sources mobiles de gammagraphie sur les chantiers de construction notamment).

Niveaux d'exposition

La figure 2 présente de façon synthétique les doses individuelles annuelles moyennes subies par la population française du fait des diverses sources d'exposition environnementale ou médicale. Le radon naturel constitue la principale de ces sources ; viennent ensuite les irradiations médicales et les expositions aux rayonnements cosmiques et telluriques. L'exposition en provenance des industries nucléaires contribue pour environ 0,5 % au total.

Il ne s'agit là évidemment que de valeurs moyennes : l'exposition à chacune de ces sources peut varier très notablement d'un lieu à l'autre ou selon les situations spécifiques des sujets exposés. C'est notamment le cas pour :

- Les irradiations d'origine *environnementale*

Ainsi l'exposition aux rayons cosmiques peut-elle varier par un facteur 2 et, pour le radon, de 0,1 mSv à plusieurs dizaines de mSv par an (0,5 % des doses annuelles sont supérieures à 15 mSv).

• Les irradiations *médicales*, selon les types d'examens effectués et les appareils et procédures utilisés

Les débits sont alors de l'ordre du mSv par minute. Par exemple, les doses totales associées à des examens réalisés avec des scanners sont de l'ordre de 4 à 10 mSv pour un examen du poumon, de 8 à 20 mSv pour un examen de l'abdomen, de 1 à 3 mSv pour un examen du crâne, de 3 à 7 mSv pour un examen de la colonne vertébrale.

• Les irradiations *professionnelles*, les expositions annuelles des travailleurs pouvant varier de quelques dixièmes de mSv à 10 mSv ou même plus

Doses moyennes d'exposition en fonction des sources environnementales ou médicales [1]

1 Figure extraite du document d'information publié lors de la création de l'IRSN en février 2002

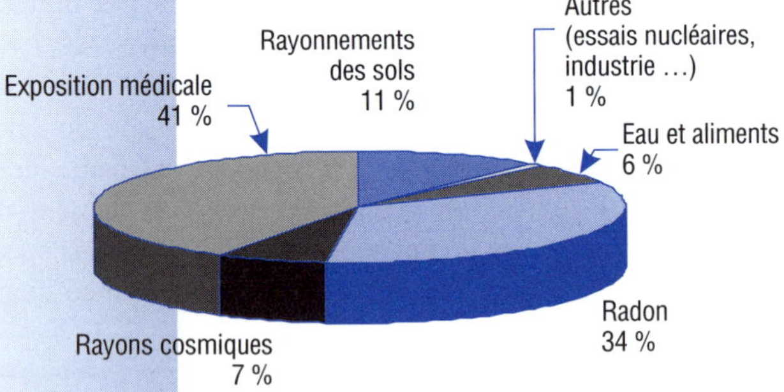

Dose individuelle annuelle : 4 mSv

chapitre II

Radioprotection

Où l'on rappelle l'origine de la radioprotection, ses principes de base et ses modalités de mise en œuvre et où l'on évoque l'une des principales controverses qui lui sont attachées : celle qui touche à la légitimité de l'extrapolation aux faibles doses d'exposition des effets observés à des doses plus élevées.

Origines et principes de la radioprotection

La protection contre les effets des rayonnements remonte à la découverte des rayons X et de la radioactivité à la fin du XIXe siècle. Ce mouvement a donné naissance, en 1928, à la Commission internationale de protection radiologique (CIPR) qui, depuis lors, émet régulièrement des recommandations tenant compte du progrès des connaissances et de l'évolution des modalités d'exposition des travailleurs et du public.

Jusque dans les années 50, la protection avait pour principal objectif de prévenir l'apparition des effets déterministes [1]. La mise en évidence, dans les années 50, des effets stochastiques [2] (principalement de leucémies, d'une part parmi les survivants des bombardements d'Hiroshima et de Nagasaki et d'autre part parmi les radiologues) a profondément modifié l'approche de la radioprotection.

1 Voir définition p. 30.

2 *Idem.*

C'est à partir des travaux du Comité scientifique des Nations unies sur les effets des radiations atomiques (UNSCEAR), créé en 1955 pour répondre à l'inquiétude internationale au sujet des effets potentiels des retombées radioactives des essais nucléaires aériens, qu'il a été possible de quantifier certaines relations entre l'exposition et le risque. Dans une optique de protection, le principe de précaution conduit à considérer aujourd'hui que toute exposition aux rayonnements ionisants, quel qu'en soit le niveau, est susceptible d'induire un effet à l'échelle d'une population.

L'UNSCEAR et le Comité BEIR [1] (un comité spécialisé de l'Académie des sciences des États-Unis) procèdent régulièrement à des synthèses exhaustives et critiques de tous les travaux publiés dans le monde, en épidémiologie et en radiobiologie, aux fins d'améliorer progressivement l'évaluation des risques aux faibles doses. Avec des facteurs correctifs pour tenir compte de l'étalement habituel des doses reçues dans le temps et de la susceptibilité accrue des enfants, la CIPR considère par exemple qu'une dose totale de 1 Sv est susceptible d'augmenter de 5 % le risque de développer un cancer [2]. Pour les travailleurs, l'augmentation est un peu plus faible (4 % par Sv), parce que les irradiations subies ne concernent que des adultes. Ces estimations ne concernent que les irradiations délivrées à un débit de dose élevé. Les discussions à propos de ces relations seront développées plus loin.

1 BEIR : Biological Effects of Ionizing Radiation.

2 Il s'agit ici de cancers comportant un risque vital élevé.

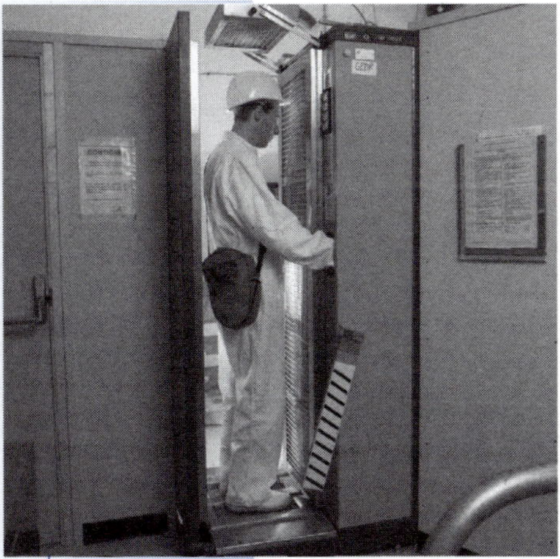

Déconstruction de la centrale nucléaire de Brennilis : passage dans un portique Argos pour le contrôle de sortie.

© Médiathèque EDF/Antoine Gonin

Les recommandations les plus récentes de la CIPR, publiées en 1990, sont structurées autour de trois *principes* (qui sont repris à l'article L. 1333-1 du code français de la santé publique) :

– les procédures utilisant les rayonnements ionisants doivent apporter plus d'avantages que d'inconvénients (principe de *justification*) ;

– les expositions aux rayonnements ionisants doivent être maintenues aussi basses qu'il est raisonnablement possible, compte tenu des facteurs économiques et sociaux (principe d'*optimisation*) ;

– les expositions individuelles doivent être maintenues en dessous des limites réglementaires : actuellement 1 mSv par an pour chaque personne de la population générale ; 100 mSv sur cinq ans pour un travailleur, sans jamais dépasser 50 mSv par an (principe de *limitation des doses individuelles*) [1].

Pour les *travailleurs*, la limite de 50 mSv par an avait été fixée, dans les années 60, en considérant que le risque tolérable pour une population limitée en nombre pouvait être un peu plus élevé que celui subi par la population générale, mais que le risque maximum ne devait cependant pas dépasser celui résultant d'une activité professionnelle à risque faible

1 Ce principe ne s'applique pas lorsqu'une personne est l'objet d'une exposition à des fins médicales.

(en l'occurrence, l'industrie de la chaussure). Ces nouvelles estimations, résultent d'une réévaluation des niveaux de rayonnement subis à Hiroshima et Nagasaki [1].

Pour la protection du *public*, les limites de doses proposées, depuis 1990, par la CIPR ont été définies pour les sources radioactives liées aux activités humaines contrôlées, à l'exception des expositions médicales. Pour les expositions d'*origine naturelle*, le principe retenu est de chercher à réduire les expositions aussi bas qu'il est raisonnablement possible et des recommandations sont faites en termes de niveaux d'exposition ; c'est le cas en particulier pour le radon dans les habitations. Pour les expositions *médicales*, les principes retenus sont ceux de la justification des actes médicaux et du maintien des expositions au niveau juste nécessaire pour assurer la qualité de chaque examen ou traitement [2].

1 La directive Euratom fixe désormais la limite à 100 mSV pour cinq ans et on attend incessamment sa mise en œuvre dans la réglementation française.

2 CIPR (1973).

Élaboration de la réglementation

Les recommandations de la CIPR constituent la base des réglementations nationales, notamment française. La transcription en règles de droit des principes ainsi développés se déroule en deux temps. L'Agence internationale de l'énergie atomique (en adoptant des « normes de base ») et la Commission européenne (qui reprend les normes de base dans ses « directives ») élaborent, chacune en ce qui la concerne, des textes de référence qui sont ensuite transposés dans les réglementations nationales (*cf.* figure).

L'élaboration de la réglementation en radioprotection

UNSCEAR : United Nations Scientific Committee on the Effects of Atomic Radiation.

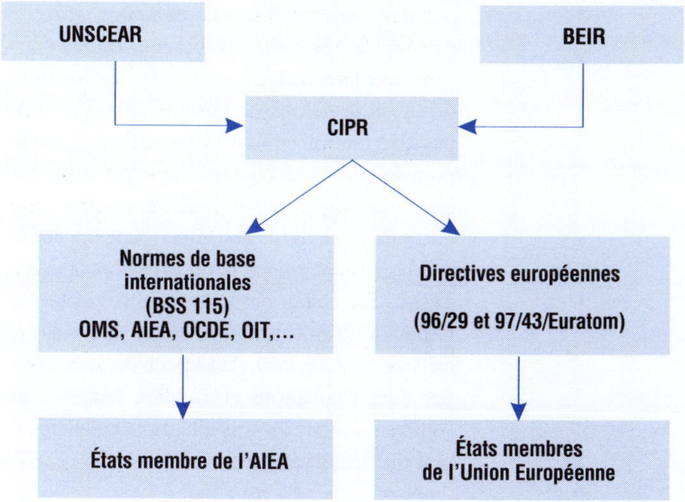

CIPR : Commission internationale de protection radiologique.
AIEA : Agence internationale de l'énergie atomique.
BEIR : Biological Effects of Ionizing Radiation
IRPA : International Radiation Protection Association.

La grandeur essentielle utilisée pour établir la réglementation est la *dose efficace*, telle que définie au début du chapitre premier. L'unanimité s'est faite pour l'utiliser dans le cadre de la gestion de la radioprotection, en application du *« principe de précaution »* défini en

France à l'article L. 110-1 du code de l'environnement et selon lequel « *l'absence de certitudes, compte tenu des connaissances scientifiques et techniques du moment, ne doit pas retarder l'adoption de mesures effectives et proportionnées visant à prévenir l'environnement de dommages graves et irréversibles à un coût économiquement acceptable* ». On considère à cette fin que, si faibles soient les doses ou les débits de dose, le risque ne peut pas être complètement exclu et l'on se fonde, pour le gérer, sur l'hypothèse selon laquelle il existerait *une relation linéaire et sans* seuil entre la dose [1] *et l'effet*. Ainsi peut-on établir une réglementation et gérer la radioprotection, c'est-à-dire établir des normes et respecter des règles de bonne pratique, telles que celle *du principe d'optimisation*. Ainsi peut-on aussi comparer les irradiations entre elles, par exemple celles subies par les travailleurs et celles résultant de l'irradiation naturelle.

1 Les effets croissent proportionnellement aux doses dès les plus faibles doses.

Thèmes de discussions et controverses

Les controverses les plus importantes portent sur la capacité d'évaluer les risques dans les domaines des doses faibles délivrées à fort débit (cas de la radiologie médicale) et des doses délivrées à très faibles débits (cas habituel de l'irradiation naturelle). La question centrale est celle de la légitimité de l'utilisation, pour apprécier ces risques, d'une extrapolation linéaire sans seuil de la relation observée à des doses plus élevées.

Ceux qui contestent la légitimité de ces estimations du fait même de leur mode d'obtention ajoutent que, si le Sievert est un indicateur bien adapté à la gestion de la radioprotection, il ne donne pas pour autant une mesure fidèle des risques, étant à la fois susceptible d'en sous-estimer certains, réels, et d'en sur-estimer considérablement d'autres, parfaitement hypothétiques. Les incertitudes sont à leurs yeux si grandes à ces niveaux de doses qu'elles font perdre toute signification aux évaluations numériques que l'on pourrait en tirer.

D'autres pensent au contraire que cette méthode permet d'estimer les doses moyennes auxquelles seraient exposés les Français et en déduisent un nombre hypothétique de décès susceptibles d'être attribués aux diverses causes d'irradiation d'origine environnementale, militaire, accidentelle, médicale ou professionnelle. Ce nombre serait au total de l'ordre de quelques milliers de cas par an, toutes origines confondues, à comparer aux quelque quatre cent mille décès annuels en France.

Les irradiations d'origine environnementale (rayonnement cosmique ou tellurique, exposition liées à l'habitat (radon) ou aux contaminants de l'alimentation conduiraient à une exposition moyenne totale de 2,4 mSv/an de l'ensemble de la population et induiraient en France de l'ordre de 7 000 décès par an. Celles d'origine expérimentale ou accidentelle (retombées des essais atomiques et de l'accident de Tchernobyl) auraient induit au total dans notre pays quelques dizaines de décès. Les irradiations à visée diagnostique seraient, elles, à l'origine d'environ 3 000 décès par an, les irradiations professionnelles et les rejets des installations nucléaires de moins d'une dizaine.

Ils considèrent que, même contestables parce que résultant de l'application d'un modèle et non directement vérifiables par l'observation, ces chiffres présentent l'intérêt de situer quantitativement le niveau des interrogations et des doutes. Les mêmes soulignent que certaines sources d'irradiation exposent une partie de la population à des doses qui n'ont rien de négligeable. C'est le cas par exemple du radon dans les habitations de certaines régions : plusieurs milliers de personnes, en France, y sont soumis à des doses égales ou supérieures à celles pour lesquelles les études épidémiologiques menées sur les mineurs d'uranium montrent un excès significatif de décès par cancer du poumon, directement proportionnel à leur niveau d'exposition. C'est aussi le cas pour certaines irradiations médicales, à visée diagnostique ou thérapeutique, à propos desquelles on est de plus en plus souvent conduit à rechercher un meilleur équilibre entre avantages et coûts associés aux risques ainsi induits, notamment de cancers secondaires. Ce

Surveillance de l'environnement par le laboratoire d'environnement du CNPE de Flamanville (Manche) : prélèvement mensuel d'herbe.

© Médiathèque EDF/pierre Berenger

pourrait être enfin le cas, en cas d'accident majeur sur une installation nucléaire, non seulement pour les populations riveraines mais aussi, comme l'a montré la large diffusion des retombées de l'accident de Tchernobyl, pour des populations éloignées de cette installation.

2

PARTIE

La sûreté et le devenir des centrales

chapitre III

Sûreté et durée de vie des centrales nucléaires actuelles

Où l'on définit ce que l'on entend par « sûreté » des centrales nucléaires et où l'on s'interroge sur la façon de la maintenir, voire de l'améliorer tout au long de leur vie par des procédures de défense en profondeur et de retour d'expérience. Où l'on constate qu'il y a place pour une large controverse sur les moyens mis en œuvre et même sur leur finalité.

Sûreté du parc de centrales

La *sûreté* est définie par l'ensemble des dispositions mises en œuvre pour pallier les risques qu'implique l'activité nucléaire utilisée à l'échelle industrielle. Ces risques résultent de tous les dysfonctionnements susceptibles d'amener des matières radioactives au proche contact d'êtres humains, soit directement, soit indirectement au travers d'effets sur l'environnement, et d'entraîner par là même des effets sur la santé [1].

Les principaux dysfonctionnements en question sont ceux qui pourraient contribuer à rompre une ou plusieurs des barrières physiques établies autour des matières radioactives. Il s'agit notamment d'un éventuel arrêt de l'évacuation de la chaleur intense produite par la réaction nucléaire, susceptible de

1 Le projet de loi sur la « transparence nucléaire » précise que « *la sûreté nucléaire est l'ensemble des dispositions techniques et des mesures d'organisation relatives à la conception, à la construction, au fonctionnement, à l'arrêt et au démantèlement des installations comportant une source de rayonnements ionisants, ainsi qu'au transport des matières radioactives, destinées à prévenir les accidents et à en limiter les effets* ». Il ajoute que « *la sécurité nucléaire comprend la sûreté nucléaire, la protection contre les rayonnements ionisants, la prévention des (et la lutte contre les) actes de malveillance, ainsi que les actions de sécurité civile en cas d'accident* ».

conduire à des températures et des pressions destructrices – et cela même plusieurs heures, voire plusieurs jours après l'arrêt de la réaction nucléaire. Le risque majeur est celui de la fusion du cœur du réacteur, un événement qui ne peut être totalement exclu même s'il demeure hautement improbable.

Les études probabilistes de sûreté (EPS) fournissent de bons indicateurs du niveau global de sûreté d'une installation. Elles permettent entre autres d'évaluer le risque de survenue d'événements majeurs et de connaître la nature et le poids spécifique des différents scénarios contributeurs. Les valeurs probabilistes généralement admises au plan international comme représentatives d'un bon niveau de sûreté sont, par réacteur et par an, de 1/100000 pour un risque d'endommagement important du cœur et de 1/1000000 pour un risque de rejets radioactifs dans l'environnement à la suite d'une défaillance induite dans l'enceinte de confinement.

Les études conduites en la matière par EDF et l'IRSN [1] ont montré que ces critères étaient effectivement respectés en France.

1 L'Institut de radioprotection et de sûreté nucléaire.

Maîtrise des risques

Deux concepts essentiels la structurent :

• **La défense dite « en profondeur »**. Face à un risque, le principe est de ne pas se contenter d'une seule ligne de défense (une bonne conception, la qualité de la réalisation de la centrale, une surveillance veillant à matérialiser les dangers, ou encore une limitation des conséquences potentielles de ces dangers). On organise ainsi une succession de *plusieurs* lignes de défense, telles que l'affaiblissement de l'une puisse être compensée par l'existence d'une autre. Le développement des compétences humaines constitue l'une de ces lignes, à la fois riche et fragile. On s'efforce aussi de guider les suites d'événements néfastes concevables vers des inconvénients certes, mais qui demeurent hors de la sphère dite des catastrophes (la fusion du cœur du réacteur en particulier [1]). On ne peut toutefois perdre de vue que les accidents peuvent survenir selon des modalités parfaitement imprévues.

• **Le « retour d'expérience ».** Il permet, après le constat des incidents ou, le cas échéant, des accidents, d'abord de se mettre en situation d'éviter la répétition d'événements analogues, mais également, par une analyse fine des *causes profondes* de chacun d'eux (ses causes techniques et ses causes humaines, notamment celles qui sont liées aux *procédures d'exploitation*), de prévenir l'occurrence d'*autres* scénarios éventuels, différents, mais dont la possibilité aurait été révélée par l'incident survenu. En cas d'absence d'incidents pendant une certaine durée d'observation, le concept de retour d'expérience s'élargit à la vérification que cette absence ne résulte pas d'un défaut de surveillance du système.

1 La fusion du cœur n'est toutefois pas *nécessairement* une « catastrophe sanitaire et/ou écologique », comme en témoigne l'accident survenu, aux États-Unis, à Three Mile Island.

Les concepts utilisés pour construire et exploiter les centrales sont mis en œuvre au travers d'une réglementation, édictée et contrôlée par les pouvoirs publics d'une part, par les pratiques des constructeurs et exploitants d'autre part. Le secteur nucléaire, comme celui de l'aviation civile, mais à la différence de bien d'autres, est né avec la conscience de la nécessité absolue d'une maîtrise des risques induits [1]. Cependant, contrairement au cas de l'aviation civile, on ne peut fournir aujourd'hui un outil *direct* de *quantification* de l'efficacité de ces dispositions de sûreté puisque les centrales nucléaires ne totalisent qu'environ dix mille années-réacteurs [2] et qu'elles n'ont – heureusement – connu qu'un accident ayant eu des conséquences sanitaires majeures : Tchernobyl en Ukraine. On dispose par contre d'indicateurs *partiels* de bonne efficacité des dispositions en vigueur, et cela essentiellement par l'analyse des causes profondes de *toutes* les *anomalies* révélées par l'expérience, même si elles n'ont été accompagnées d'aucune conséquence sanitaire.

1 Risques de tous ordres : concernant les populations, les travailleurs, l'environnement, l'outil de production lui-même.

2 Dix mille années-réacteurs équivalent au fonctionnement d'un réacteur pendant dix mille ans, ou de cent réacteurs pendant cent ans.

Cela étant, il ne suffit pas d'identifier un maillon faible ayant un caractère générique pour régler immédiatement tout problème décelé : le contexte économique et les contraintes matérielles et humaines impliquent souvent un étalement dans le temps des décisions prises. La mise en service progressive sur plus de vingt ans des différentes tranches permet souvent de voir naître les défauts et de les corriger dès ce stade.

Effets du temps sur les centrales

Tout système technique évolue *au cours du temps* sur trois plans différents :

– du point de vue des *principes de conception* : hypothèses prises en compte, marges par rapport aux fonctionnements anormaux, existence et diversité des systèmes de veille, de sauvegarde, de secours, etc. Si des erreurs conceptuelles ont été commises sur certains réacteurs, il faut s'interroger systématiquement sur la façon même dont elles ont pu se produire et ne pas être décelées à temps.

Exercice de crise au CNPE du Blayais.

Le *retour d'expérience* permet, en principe, de discuter en permanence la validité des concepts d'origine. Le choc brutal de l'accident de Three Mile Island, un réacteur à eau pressurisée, en est une illustration. Des *exigences supplémentaires* peuvent en outre être imposées par l'autorité de sûreté, qui entraînent, le cas échéant, des modifications significatives des systèmes ou procédures.

– du point de vue de chaque composant qui subit *l'usure du temps* : fatigue, corrosion, dérives, etc.

L'*usure du temps* est pour partie envisagée dès la conception et couverte par un programme de maintenance permettant de surveiller et de changer les composants (soit *a priori* – c'est la maintenance *programmée* – soit en fonction de la fiabilité constatée – c'est la maintenance *par la fiabilité* – soit encore par la détection de signaux avertisseurs – c'est la maintenance *selon l'état)*.

La *surveillance* du système permet de constater soit simplement des événements attendus, soit au contraire des phénomènes plus précoces ou plus tardifs que prévu, soit encore des phénomènes imprévus. Dans ces deux derniers cas, il convient de déterminer l'impact de ces phénomènes sur la sûreté et la production : ils peuvent être jugés neutres ou négatifs. Dans ce dernier cas, on met en place deux phases d'intervention : une phase *immédiate*, provisoire, souvent pénalisante et coûteuse (par exemple : inspections rapprochées, procédures spéciales, limitations spécifiques) puis une phase *différée* permettant, au prix de modifications appropriées, de revenir à un fonctionnement normal.

C'est ainsi qu'a été détectée une *corrosion des générateurs de vapeur* beaucoup plus rapide qu'initialement envisagée. Elle a été gérée en France en acceptant d'abord des limitations de performances, puis par le changement de cet important composant pour un modèle beaucoup plus résistant.

Ce suivi, notamment des éléments les plus difficiles à remplacer, permet à l'exploitant EDF d'affirmer actuellement que l'hypothèse technique d'une durée de vie d'au moins quarante ans est une hypothèse de gestion raisonnable et de la proposer en tant que telle à l'autorité de sûreté. Mais c'est au travers de la surveillance, jour après jour, que se confirmera ou s'infirmera cette affirmation.

L'ensemble de ce processus (surveillance et amélioration) est, sauf découverte à venir imposant une action plus rapide, cadencé par grands cycles de dix ans. Les réacteurs de 900 MWe (donc les plus anciens) subissent actuellement leur seconde visite décennale, conçue, selon EDF, *« pour permettre dix nouvelles années sans intervention majeure, et avec l'objectif de vingt ans au moins de prolongation d'activité »*. Il s'agit de vérifier leur conformité aux exigences réglementaires (révisées au regard de l'expérience passée) mais aussi de s'assurer qu'au cours de leurs vingt années de vie ils n'ont pas eu de déviations *sournoises* vis-à-vis de leur devenir attendu. La troisième visite décennale commence à faire l'objet de réflexions, notamment pour déterminer en fonction de quels paramètres se fera le choix de la durée du (ou des) cycle (s) suivants et leur contenu. L'autorité de sûreté impose parfois des vérifications particulières après un demi-cycle (cinq ans). Ces vérifications quinquennales seront systématiquement imposées sur tous les réacteurs de plus de trente ans.

– du point de vue des *hommes* qui mettent en œuvre le système et de leur culture de la sûreté : appropriation, familiarisation, mais aussi renouvellement des personnes, défiance vis-à-vis de la routine, etc.

Incidents et accidents

L'une des questions qui se pose dès lors qu'on parle de « sûreté » nucléaire est celle de la gravité des incidents ou accidents susceptibles de se produire dans les installations nucléaires ou à l'occasion du transport de matières radioactives.

Le système français de production d'électricité d'origine nucléaire est intensément surveillé et les divers incidents ou accidents constatés font l'objet de procédures d'intervention codifiées, placées sous la responsabilité de l'exploitant, contrôlées par l'autorité de sûreté nucléaire [1].

L'échelle INES

L'information de la population au sujet de la gravité de chacun de ces événements est

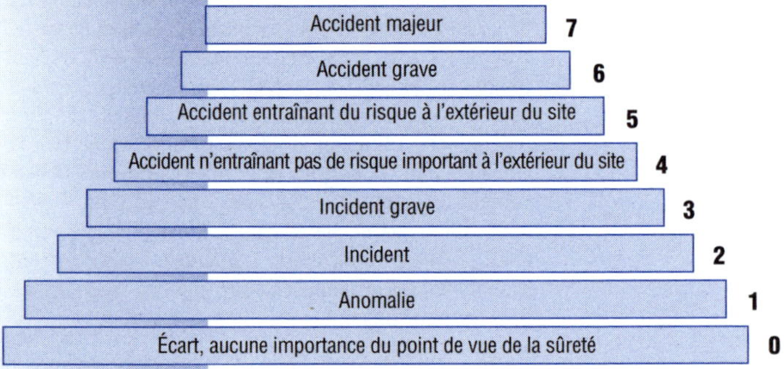

assurée par sa caractérisation selon une échelle codifiée, à l'instar de ce que l'on fait, par exemple, pour les tremblements de terre. Cette échelle, initialement mise en place par la France en 1987 [2], a depuis lors largement inspiré les travaux internationaux en la matière. Ceux-ci ont abouti à l'adoption, en 1991, d'une échelle internationale, INES *(International Nuclear Event Scale)*, à huit échelons (repérés par des chiffres allant de 0 à 7). L'utilisation de l'échelle INES a été étendue en France, en 1998, aux installations nucléaires de base classées secrètes. Elle a été légèrement modifiée en février 2001 pour tenir compte de l'expérience acquise depuis son

1 Antérieurement dénommée Direction de la sûreté des instalations nucléaires (DSIN) et maintenant Direction générale de la sûreté nucléaire et la radioprotection (DGSNR).

2 À l'initiative du CSSIN et mise en place par le directeur chargé du contrôle des installations nucléaires de l'époque.

lancement. Elle a été adaptée en mai 2001[1], au transport de matériaux radioactifs.

Les bilans annuels

L'échelle INES est, par construction, essentiellement destinée à l'information du public sur la gravité de chacun des incidents constatés ; elle ne peut pas être considérée comme une mesure exhaustive de l'importance de ces incidents quant à l'organisation générale de la sûreté. Quelle que soit en effet l'utilité immédiate de la caractérisation de la gravité d'un incident ou d'un accident, on conçoit bien qu'on ne puisse se contenter d'une telle appréciation instantanée pour prendre la mesure du niveau général de sûreté du *système nucléaire* dans son ensemble et pour agir afin de l'améliorer.

Des bilans analytiques réguliers de la totalité des incidents et accidents sont en particulier nécessaires. Chaque institution concernée – les exploitants, l'IRSN[2], la DGSNR – rend public, à ce sujet, en ce qui la concerne, un rapport annuel détaillé.

La « méta-analyse » des incidents

Il est apparu nécessaire au CSSIN de faire un pas de plus, en cumulant en un indicateur unique (ou plutôt en un petit nombre d'indicateurs) *toute* l'information recueillie sur les dysfonctionnements constatés pendant une période donnée ou sur un ensemble donné d'installations. Cette *méta-analyse* des incidents ou événements est en cours de développement méthodologique. C'est un travail

1 À l'initiative de la DSIN et après avis du CSSIN.

2 Institut de radioprotection et de sûreté nucléaire.

délicat, dans la mesure où il s'agit d'exprimer dans un langage commun des informations *a priori* très disparates. Le CSSIN espère parvenir à de premiers résultats dans le courant de l'année 2002, au plus tard en 2003. Il les rendra publics dès qu'ils seront établis.

Arrêt définitif des centrales

Comme pour tout système technique, on peut ainsi maintenir et améliorer, au cours de la vie des centrales, leurs performances de sûreté et leurs performances de productivité, mais au prix d'investissements financiers supplémentaires qui peuvent, à la longue, devenir très importants.

Au regard de ce coût de maintien en état considéré comme sûr, il conviendrait de prendre en compte les coûts d'investissement et de fonctionnement des moyens de production substitutifs aux centrales nucléaires qui seraient mises à l'arrêt. Le coût de ces moyens de production alternatifs ou des économies d'énergie s'inscrit ainsi logiquement dans la globalité de la politique énergétique du pays. Aujourd'hui, l'exploitant EDF estime que le seul bilan économique entre un parc nucléaire financièrement amorti et les divers moyens alternatifs concevables ne saurait conduire à un basculement majeur avant les quarante ans de durée de vie technique possible des centrales.

Cette observation pourrait évidemment être remise en cause si, à un moment donné, la surveillance des centrales mettait en lumière un phénomène imprévu imposant, du point de vue de la sûreté, une action rapide alors même que les actions correctrices envisageables seraient hors de portée technique ou économique. EDF considère toutefois que la qualité actuelle de la défense en profondeur et son évolution continue rendent relativement faible la probabilité d'occurrence d'une telle situation.

On ne peut toutefois pas s'en remettre en la matière à l'avis des exploitants. Seul un débat général sur l'énergie (quantité nécessaire, diversification des sources, concentration ou décentralisation des moyens de production, etc.) peut permettre de prendre du recul vis-à-vis de leur argumentation technique et, par nature, engagée.

Après l'arrêt définitif des centrales

L'arrêt d'une ou de plusieurs centrales électronucléaires soulève deux questions :

– que fait-on de la centrale arrêtée ? [1]

– comment réagit-on au déficit de capacité de production d'électricité ?

Cette seconde question renvoie à une appréciation des capacités effectives de remplacement ou de substitution au moment de l'arrêt. Celles-ci doivent s'apprécier non pas seulement, et globalement, sur une longue période (par exemple sur un an de consommation nationale), mais aussi par rapport aux moments de pointe et compte tenu des capacités de transport réellement disponibles entre lieux de production et lieux de consom-

1 On la démantèle. Ce sujet est traité au chapitre suivant.

mation – et cela avec les marges dont il faut disposer pour répondre aux aléas.

– La part dont on pourra se passer grâce à des économies de demande d'électricité doit avoir été conçue à l'avance, faute de quoi, lors de l'arrêt d'une part de la fourniture en électricité, des *délestages* risquent de se produire. Rappelons cependant à ce propos qu'une partie (de l'ordre de 15 %) de la production française d'électricité est actuellement exportée, ce qui, dans une vision purement hexagonale, laisse une bonne marge de manœuvre si l'on peut modifier les contrats d'exportation.

– La part qu'on pourra obtenir de *modes de production d'électricité* aujourd'hui peu développés (tels les éoliennes, la biomasse, la production directe à partir de la lumière ou production *photovoltaïque*) dépend des investissements préalables consentis, qui, pour ne pas conduire à des coûts de production trop élevés, doivent avoir été précédés d'études et de recherches à long terme. Certaines sont déjà lancées.

– La part qu'on pourrait obtenir à partir de *nouvelles centrales nucléaires* suppose que la construction de telles centrales ait effectivement commencé quelques années auparavant.

Le moyen de substitution le plus rapide à mettre en œuvre est en fin de compte la production d'électricité à partir de gaz, sous réserve de prendre en compte toutes ses conséquences, notamment d'ordre environnemental (effet de serre) ou économique (risque de déséquilibre de la balance commerciale). Cette technique est au point, disponible sans autre délai que celui de la construction des unités de production (un délai estimé à deux ou trois ans pour les importantes). Toutefois, si le volume à substituer était élevé (par suite de l'arrêt d'un nombre important de centrales électronucléaires), de nouveaux investissements –

imposant une anticipation de plusieurs années – seraient nécessaires pour l'approvisionnement en gaz. Le délai d'anticipation pour le charbon serait comparable. Le remplacement par de nouvelles centrales électronucléaires supposerait une anticipation plus grande encore.

On serait dans cette situation si l'on décidait d'arrêter une ou plusieurs centrales électronucléaires en service avant l'année 2010 environ. Il en serait de même si, vers 2010, on n'avait pas encore décidé du programme de substitution à engager lors de l'arrêt des centrales en service après quarante années de vie. Dans ce cas, deux autres éléments interviendraient inévitablement dans les décisions de substitution : les coûts des différentes solutions et tous leurs effets non incorporés dans les coûts, qu'ils soient d'ordre sanitaire, social, écologique ou géostratégique. À l'inverse, une anticipation forte permettrait, d'un point de vue industriel et technique, de disposer d'une gamme diversifiée de moyens de production alternatifs.

Thèmes de discussions ou de controverses

Risques résultant de la similitude de la plupart des installations nucléaires

Cette similitude, souvent présentée comme un avantage en faveur de la sûreté (le *retour d'expérience* concernant un incident spécifique observé sur un réacteur peut conduire à en modifier un grand nombre – voire tous – de façon préventive), présente cependant un sérieux inconvénient : serait-il concevable, en cas d'urgence, d'arrêter tous les réacteurs concernés, privant ainsi le pays d'une fraction majeure de son énergie pendant le temps de cette interruption ? On a vu ci-dessus que des mesures immédiates, provisoires mais coûteuses, permettraient, aux dires des industriels, de l'éviter. À défaut, la seule solution consisterait à passer un compromis entre sûreté et disponibilité en attendant que toutes les substitutions de pièces défectueuses soient effectuées [1].

1 Les exemples de situations de cette nature abondent (fissurations des traversées des couvercles de cuves, etc.).

Vieillissement prématuré ou imprévu des réacteurs nucléaires

Les phénomènes de vieillissement des matériaux sous les contraintes auxquelles ils sont soumis dans les réacteurs sont mal connus. La chaîne des contrôles successifs ne permet pas toujours de les prévoir [2]. Or la sûreté ne consiste pas seulement à pallier les risques mais aussi à les prévenir. Fait-on d'ores et déjà tout ce que l'on devrait faire de ce dernier point de vue ? La sûreté n'a-t-elle pas en fait surtout pour objet la protection de l'outil de production ?

2 Pour ne citer qu'un exemple, évoquons celui de la « fatigue thermique » totalement imprévue d'une tuyauterie du « palier à 1 450 MWe ».

Internationalisation des risques

Peut-on, lorsqu'on parle de sûreté nucléaire en France, faire abstraction des questions de même nature qui se posent ailleurs dans le monde (où de l'ordre de quatre cents réacteurs sont en service) ? L'exemple de Tchernobyl ne peut manquer de faire réfléchir lorsqu'on songe en particulier à certains réacteurs de l'Europe de l'Est et à ceux dont se sont dotés certains pays en développement. Peut-on éviter de traiter explicitement

des aspects mondiaux de la sûreté nucléaire ? Quelles mesures les pays occidentaux prennent-ils pour faire face à ces risques ?
On ne peut par ailleurs oublier l'incidence de la déréglementation, en cours, de la production et de la distribution de l'électricité, qui nous mettra en conformité avec les règles communautaires. Des opérateurs autres qu'EDF vont intervenir sur le marché de l'énergie et leurs priorités seront sans doute d'ordre économique. Les arbitrages délicats entre sûreté et rentabilité ne risquent-ils donc pas d'être demain moins favorables à la sûreté qu'hier ?

Durée de vie des réacteurs

La politique de production d'électricité en France, telle que mise en œuvre aujourd'hui par EDF, repose sur le maintien en activité des centrales nucléaires actuellement en service jusqu'à la fin de leur vie sûre et économique.

Bâtiment de traitement des effluents, décontamination de béton radioactif

© Médiathèque EDF/Sophie Loubaton

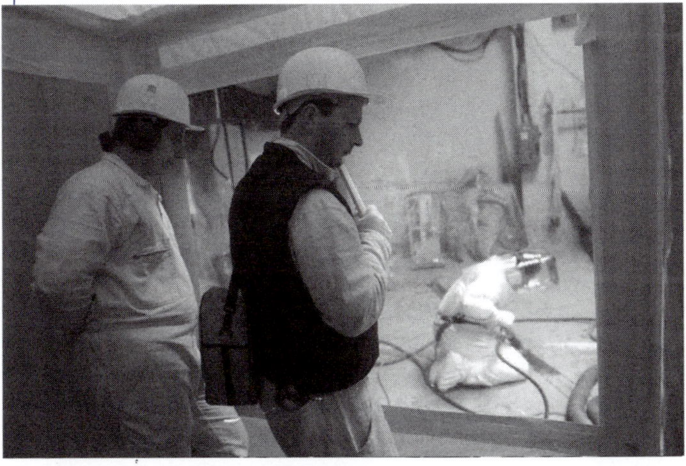

Si l'on table, comme le fait EDF, sur une espérance de vie d'une quarantaine d'années au moins, les premières échéances ne devraient pas intervenir avant une vingtaine d'années, ce qui donne une décennie au moins pour étudier une politique énergétique ayant un meilleur rendement global, notamment grâce à une diversification des sources de production. Certains soulignent dès lors l'intérêt qu'il y aurait à construire d'emblée un réacteur pilote de nouvelle génération afin de disposer du retour d'expérience nécessaire à la décision de construire une série de nouveaux réacteurs.
D'autres demandent qu'on profite de ce délai pour mettre à l'étude des choix différents. Les sources alternatives d'énergie – à l'exception du gaz – sont cependant, à ce jour, de disponibilité limitée, les crédits de recherche et développement qui leur furent jusqu'à présent consacrés n'ayant été en rien comparables à ceux attribués au secteur nucléaire, notamment du fait de ses applications militaires. Mais qu'en serait-il dans les décennies à venir si, comme le font remarquer certains, on décidait dès maintenant de leur consacrer des crédits de recherche et de développement comparables à ceux attribués depuis un demi-siècle au nucléaire ?

chapitre IV

Démantèlement des centrales en arrêt définitif

Où l'on décrit les diverses phases de cette opération, où l'on évoque les options temporelles possibles et où l'on commence à parler de gestion des déchets.

Comment démantèle-t-on les centrales ?

Dès le retrait de tout le combustible du cœur et son entreposage assuré, il n'existe plus à la centrale de risque d'accident (reprise de la réaction de fission ou arrêt du refroidissement entraînant la fusion d'éléments combustibles) mais seulement des risques radiologiques, liés d'une part aux matériaux devenus radioactifs pendant le fonctionnement et d'autre part aux contaminations liées à des ruptures d'étanchéité des gaines de combustibles. Chacune de ces sources présente son spectre de rayonnement et donc sa dangerosité propre, évolutive au cours du temps.

Ainsi les risques à maîtriser sont-ils à la fois celui de la radioprotection des intervenants qui vont être appelés à « déconstruire » et celui d'une pollution accidentelle par dispersion de matières radioactives dans l'écosystème. Le travail de déconstruction est donc un travail industriel classique (étude, planification, moyens humains et matériels) mais *sous forte contrainte de radioprotection.* Certaines techniques spécifiques ont été mises au point : robots d'intervention sur des matériels plus particulièrement irradiants, *machines à peler* le béton, etc.

CNPE de Saint-Laurent-des-Eaux et Belleville-sur-Loire (Loir-et-Cher) : Sas en amiante pour le démantèlement de la centrale auxiliaire conforme à l'arrêté du 14 mai 1996.

Quand faut-il démanteler ?

En laissant l'installation au repos, dans un état facile à maîtriser pour les risques de radioprotection et de pollution et pendant un temps suffisamment long pour laisser agir la décroissance naturelle de la radioactivité, on diminue les risques pour ceux qui interviendront. Aussi s'accorde-t-on, à l'échelle internationale, à distinguer trois phases successives de démantèlement :

– *phase 1* – mise à l'arrêt définitif avec retrait de toutes les matières fissiles du cœur ;

– *phase 2* – enlèvement progressif des matériels et appareillages peu ou moyennement radioactifs, en ne laissant (ou en ne recréant) que ce qui est nécessaire pour assurer le confinement de tous les matériaux radioactifs ;

– *phase 3* – enlèvement de tout ce qui reste, quelle qu'en soit la radioactivité.

Toutes les centrales d'EDF à l'arrêt sont actuellement en début de phase 2, à l'exception de Creys-Malville qui est en phase 1. Même s'il n'en est encore qu'à ses premières étapes [1], le démantèlement n'est donc plus une perspective pour ces centrales, c'est une pratique d'ores et déjà engagée.

1 Il convient toutefois de ne pas oublier que le démantèlement des centrales d'EDF ne constitue pas aujourd'hui le seul problème de démantèlement à l'ordre du jour. Celui de l'usine militaro-civile de retraitement de Marcoule ne saurait être passé sous silence, en particulier du point de vue des coûts induits.

Les déchets de démantèlement et la procédure de « zonage »

Le combustible usé, retiré du cœur pendant la phase 1, est traité comme tout le combustible usé qui a été retiré de la centrale pendant son fonctionnement.

Le démantèlement n'a réellement de sens que si l'on sait gérer les résidus de déconstruction mieux qu'ils ne le sont dans l'installation d'origine désactivée. Or il produit lui-même diverses sortes de déchets : ceux qui peuvent être *banalisés* et ceux qui doivent faire l'objet d'un suivi selon une *filière* appropriée. Au niveau européen et international, la banalisation d'un déchet est autorisée si sa radioactivité est inférieure à un seuil défini, dit *de libération* [1]. En France, l'autorité de sûreté impose une procédure plus complexe : il faut procéder à étude spécifique, dite de *zonage*, qui consiste à examiner *chaque* composant, élément ou matériau pour savoir s'il a pu être activé ou contaminé pendant l'histoire de l'installation, et c'est sur cette base qu'on décide s'il doit être inclus dans une filière d'élimination ou s'il peut au contraire être banalisé.

1 La définition de ce « seuil de libération » appuie sur le niveau de la radioactivité naturelle.

Une part des déchets métalliques peut être traitée (découpe, fonte, etc.) dans une installation conçue pour en réduire le volume, avec les dispositions de radioprotection appropriées. Des décharges dédiées et surveillées doivent permettre de recueillir les déchets de très faible activité retenus par la technique de zonage. La première de ces décharges ne sera pas disponible avant 2004. Le zonage implique aussi des contrôles radiologiques des déchets.

Déconstruction de la centrale nucléaire de Brennilis : contrôle de contamination en limite de chantier après une intervention

© Médiathèque EDF/Antoine Gonin

Thèmes de discussion ou de controverses

Le démantèlement pose quatre questions majeures : le devenir des déchets de démantèlement, celui des espaces libérés par la fermeture des centrales, la stratégie temporelle du démantèlement et son coût, et enfin la radioprotection spécifique des travailleurs impliqués dans les opérations de démantèlement. Ces questions conditionnent toutes quatre les procédés mis en œuvre et en dépendent.

Devenir des déchets de démantèlement

Deux types de déchets méritent une attention particulière : du fait de leur volume considérable, les déchets de génie civil qui résultent de la destruction des bâtiments abritant les installations, et, du fait de leur forte activation, une part des déchets métalliques [1].

Dans les deux cas, la question de la discrimination entre ceux qui doivent être soumis à un traitement spécifique et ceux qui ne l'exigeraient pas fait débat. Les deux solutions alternatives évoquées plus haut – la définition de seuils de libération et la politique de zonage – posent l'une et l'autre problème. Si les mouvements écologiques, refusant le concept de seuils de libération, rejoignent

1 D'autres types de déchets posent aussi problème : ainsi n'existe-t-il pas encore de solution de stockage pour les déchets *tritiés* ou encore pour le graphite qui sera retiré des combustibles des réacteurs UNGG et de leurs cœurs.

globalement la position de l'autorité de sûreté en faveur du zonage, certains n'en font pas moins remarquer que celui-ci n'est pas une panacée car il conduit en fin de compte lui aussi, selon eux, à définir – implicitement – des seuils de banalisation, susceptibles de surcroît de différer selon les installations.

S'agissant de ces seuils, leur niveau pose en tout état de cause problème. Le CSSIN avait lui-même mené il y a une dizaine d'années une étude [1] aboutissant à retenir des valeurs alors jugées trop basses par les exploitants et donc, selon eux, inutilisables du fait des coûts de mise en œuvre qu'elles auraient induits sans nécessité sanitaire.

1 Rapport de P. Desgraupes (réf.).

De manière générale, les exploitants prônent le recyclage de certains matériaux de déconstruction (acier, cuivre, béton, etc.) et ils se sont associés pour développer à cette fin des fours de fusion et d'incinération sur le site de Marcoule. Mais même si chacun s'accorde à ne pas exiger que la totalité des déchets soit destinée à être conservée dans des sites spécialisés comme ceux de l'ANDRA [2], la question de la fiabilité et la traçabilité d'un tel recyclage fait également débat.

2 Agence nationale de gestion des déchets radioactifs.

Devenir des espaces libérés

S'agissant des espaces libérés par la fermeture de certains sites, les exploitants nucléaires défendent enfin l'idée que la solution à adopter pourrait être différente selon que l'espace libéré par la déconstruction serait dévolu à des usages indifférenciés ou qu'il resterait sous leur contrôle, voire serait réutilisé pour une nouvelle unité de production ou de stockage. Cette proposition est contestée par ceux qui considèrent que cette option reviendrait à se débarrasser du problème sur les générations futures, avec de surcroît le risque d'avoir alors perdu la mémoire de la contamination du site.

Stratégie temporelle et coût du démantèlement [1]

1 Ces questions sont explicitement abordées dans le rapport Charpin, Dessus, Pellat (voir p. 91).

Le coût des opérations de démantèlement décroît, dit-on, avec la durée de mise en sommeil des installations, malgré les frais cumulatifs de surveillance que celle-ci entraîne. La politique de démantèlement des centrales déjà à l'arrêt prévoyait une telle mise en sommeil de quelques dizaines d'années entre les phases 2 et 3 pour profiter de la décroissance de la radioactivité. EDF a décidé récemment de fortement contracter cette période de latence et d'accélérer l'ensemble du processus de déconstruction des centrales de première génération. L'un des inconvénients d'accroître ce délai est la perte de toute mémoire vivante sur les installations concernées du fait de la disparition de leurs acteurs. Inversement, l'accélération décidée pourrait créer un risque plus élevé d'exposition collective des travailleurs du démantèlement. Ces risques doivent donc être mis en balance dans la fixation des stratégies temporelles de démantèlement et d'évaluation de leur coût.

Mais quel est en fait le coût réel du démantèlement de *toutes* les centrales et comment est-il pris en compte dans le coût actuel du kWh nucléaire ? L'utilisation, pour le calculer, d'un *taux d'actualisation*[1] est contestée par ceux qui considèrent que cet outil de calcul économique est utilisé hors de son champ de validité, et de surcroît que le résultat dépend fortement de la valeur du taux choisi.

.e processus d'actuali- 'ion consiste à valoriser x conditions du présent ; dépenses ou recettes ji se produiront dans le ır de manière à pouvoir 'aire des comparaisons ntre diverses solutions. On utilise pour cela un « taux d'actualisation » est une grandeur fixée · la puissance publique en fonction de grands licateurs économiques.

Radioprotection des travailleurs concernés

L'un des problèmes en la matière est celui des conditions de travail des travailleurs du démantèlement et de la compétence des entreprises les employant. Si les premières expériences de démantèlement ont été conduites, pour l'essentiel, par des travailleurs formés et appartenant à des filiales des grandes entreprises du nucléaire, ne peut-on craindre qu'à l'avenir les travailleurs les plus exposés aux risques radiologiques ne bénéficient que d'une protection sociale et médicale réduite ? De grandes entreprises de travaux publics ont depuis lors formé, avec des filiales spécialisées des industriels du nucléaire, des Groupes d'intérêt économique (GIE) ayant pour objectif d'acquérir une compétence dans ce domaine. Si cette quête est en soi acceptable, on peut néanmoins se demander si les intérêts financiers de l'énorme marché potentiel que représente le démantèlement de dizaines de réacteurs ne risquent pas de faire passer au second plan la protection des travailleurs chargés de le conduire. Le retour d'expérience sur les conditions de travail et sur les accidents dans le secteur du bâtiment et des travaux publics peut en effet conduire à de tels doutes.

La radioprotection des travailleurs du démantèlement – comme celle des populations riveraines et celle de l'environnement – pose selon certains de multiples problèmes, insuffisamment analysés et/ou exposés jusqu'à maintenant. De telles études sont pourtant indispensables – dans le cadre de la législation française, transposée des normes européennes [1], portant sur la justification, l'optimisation et la limitation des doses de rayonnement reçues – pour conduire à des arbitrages explicites en termes de coûts et de risques résiduels acceptables et dûment répartis. Elles devraient notamment préciser ce que devraient être les exigences de réduction du volume et de la radioactivité des déchets pour éviter que les doses délivrées aux travailleurs ne leur fassent courir des risques inacceptables, et cela quelles que soient les conséquences économiques impliquées.

1 Directive européenne 96/29, dite « normes de base en radioprotection ».

Déconstruction de la centrale nucléaire de Brennilis : découpe d'une chaudière auxiliaire en combinaison ventilée ignifugée.

© Médiathèque EDF/Antoine Gonin

Dans ce contexte, certains syndicats du nucléaire ont préconisé la création d'une *agence publique du démantèlement* ayant pour missions : 1) de promouvoir des programmes de recherche et de développement sur les procédés susceptibles de réduire la nocivité des déchets engendrés et l'exposition des travailleurs ; 2) de garantir à ces derniers un niveau de protection suffisant ; 3) de mener des études publiques et indépendantes d'optimisation globale des procédures envisagées (déchets, rejets, radioprotection). D'autres considèrent cependant que la création d'une telle agence risquerait de déresponsabiliser les exploitants concernés et, à terme, de faire financer par la collectivité les aléas de ces opérations.

chapitre V

Projets envisageables pour de nouveaux réacteurs

Où l'on s'interroge sur les raisons qui pourraient pousser à envisager la construction de nouveaux réacteurs : renouvellement régulier du parc, motivations économiques, meilleure gestion de la problématique des déchets, questions de sûreté. Et où l'on passe en revue, de façon descriptive, les divers projets existants.

Mais où il n'est pas question de discuter de l'opportunité d'envisager effectivement la mise en œuvre de tels projets, ce choix relevant à l'évidence de bien d'autres considérations que les aspects techniques ici abordés.

Les raisons avancées par les industriels pour construire de nouvelles centrales nucléaires

La question de la décision de renouveler les centrales existantes peut se poser dans un délai relativement proche, les premières centrales françaises en fonctionnement devant impérativement, sous les hypothèses exposées et discutées au chapitre trois, être remplacées dans quinze à vingt ans si leur durée de vie n'est pas prolongée. Ce délai est-il suffisant pour permettre d'introduire des innovations technologiques majeures ? La réponse à cette question – qui fait débat – conditionne les choix stratégiques à venir.

Par ailleurs, les centrales du type actuel n'utilisent qu'une faible partie des isotopes de l'uranium naturel et les réserves d'uranium naturel dans le monde sont limitées. Cette double contrainte limite en tout état de cause à une soixantaine – ou mieux une centaine – d'années l'utilisation potentielle de telles centrales [1]. Pour utiliser l'énergie nucléaire au-delà de cette durée, on a déjà songé à améliorer le rendement de l'uranium naturel en recourant à des centrales *surgénératrices* à neutrons rapides, c'est-à-dire ayant la particularité de consommer les matières fissiles qu'elles produisent à partir de l'uranium naturel. On sait [2] que la première tentative française en ce sens – la construction et l'exploitation d'une centrale pré-industrielle à Creys-Malville – a été interrompue. La nécessité de relancer une opération de cette nature pourrait réapparaître, selon certains, d'ici une trentaine d'années environ.

Les centrales *à haute température* (qui utilisent un gaz caloporteur) pourraient, selon d'autres, constituer une solution alternative. Elles pourraient être ou non surgénératrices. Une autre solution encore serait d'utiliser comme combustible du thorium.

Ce corps donne naissance, en réacteur, à un isotope fissile artificiel de l'uranium, qui joue un rôle analogue à celui du plutonium. Il présente l'avantage, par rapport aux filières traditionnelles, de produire beaucoup moins de déchets à vie longue. Il peut être utilisé soit dans des réacteurs de type Superphénix, soit dans des réacteurs d'un type nouveau, utilisant un sel fondu comme combustible.

1 Certains pensent toutefois que ces chiffres sont sous-estimés et avancent des durées de l'ordre de 100 à 300 ans, voire... de 50 000 ans si l'uranium pouvait être extrait des réserves contenues dans l'eau de mer !

2 Voir p. 23.

Les objectifs poursuivis dans le développement des différents types de centrales

Trois axes de recherche sont actuellement en cours de développement : améliorer les performances de *production* (y compris par surgénération), améliorer les performances en terme de *gestion des déchets* (y compris par leur incinération), améliorer la *sûreté*.

Améliorer les performances de production

Tous les projets recherchent une amélioration de la compétitivité économique. Cette amélioration peut porter sur la *disponibilité*, sur le niveau de *puissance* et sur *l'utilisation du combustible.*

L'amélioration de la disponibilité

Elle peut être obtenue :
– par une pratique de la *maintenance en état de marche*, qui permettrait de réduire la durée des arrêts ;
– par une *augmentation de la durée entre deux arrêts*, avec des cycles de fonctionnement plus longs (18 ou 24 mois). Pour que cette procédure puisse être utilisée sans perte de sûreté et dans les mêmes conditions de productivité, il faut mettre au point un nouvel *élément combustible* (qui ne pourra être disponible à l'échelle industrielle que dans cinq à dix ans) ;
– par l'utilisation de nouvelles filières permettant un *rechargement* du combustible *sans arrêt* du réacteur.

De telles filières sont en cours de développement expérimental mais elles ne seront pas disponibles à l'échelle industrielle avant une vingtaine d'années. Ces réacteurs utiliseront des éléments combustibles sous forme de boulets pouvant être chargés par le haut du cœur

1 Deux réacteurs de cette nature ont été expérimentés en Allemagne.

et déchargés de façon continue par le bas du cœur [1]. Les réacteurs à sels fondus utilisant du thorium permettent également un chargement et un déchargement du combustible en continu.

L'amélioration du niveau de puissance

Elle peut être obtenue :

– par une *augmentation du nombre d'éléments* combustibles afin d'atteindre un niveau de puissance plus élevé.

Il est possible, sans grandes difficultés, de passer ainsi de 1 500 à 1 800 MWe dans les réacteurs actuels à eau pressurisée. Toutefois les problèmes de stabilité du réseau de distribution électrique limitent actuellement la portée de cette innovation et conduisent de nombreux exploitants à y renoncer.

– par l'*optimisation du rendement thermodynamique*, en utilisant un fluide ou gaz de refroidissement à haute température et à haute pression.

Ces centrales ne seront pas disponibles à l'échelle industrielle avant une vingtaine d'années dans les conditions actuelles de leur développement.

L'amélioration de l'utilisation du combustible

Elle repose, elle aussi, sur le développement d'*éléments combustibles* plus performants, qui ne seront disponibles que dans une dizaine d'années.

Améliorer les performances vis-à-vis des déchets radioactifs

S'agissant de la production globale de combustibles usés, on ne peut guère espérer de différence notable entre filières pour une même production d'énergie. Les améliorations concevables reposent sur le retraitement des combustibles usés qui peut, lui, dépendre de la filière, et sur la réutilisation éventuelle des matières fissiles et fertiles récupérées.

Les autres déchets radioactifs des centrales nucléaires proviennent de la contamination de différents matériels de la centrale par des fuites d'éléments combustibles ou par des produits de corrosion du circuit primaire, ou de leur activation par les rayonnements. Les améliorations concevables portent essentiellement sur la limitation de cette contamination interne. On peut, à cette fin, améliorer la tenue des gaines combustibles, diminuer les zones de possible contamination et accroître leur confinement.

Enfin, si l'on ne veut pas stocker les déchets des centrales en l'état, le seul moyen d'éliminer certains produits à très haute activité ou à vie longue (les actinides [1]) serait de les séparer et de les traiter dans un réacteur d'un type particulier. Des recherches concernant des réacteurs à haute température ou des accélérateurs-réacteurs sous-critiques sont entreprises dans cet esprit, à échéance de quelques dizaines d'années. Ces déchets pourraient également être incinérés dans les réacteurs classiques chargés au thorium et contribuer ainsi à la mise en œuvre de cette filière.

Une solution alternative consisterait à étudier des systèmes produisant moins d'actinides (c'est par exemple le cas lorsqu'on utilise le thorium comme combustible).

1 Les actinides artificiels sont le plutonium et, en moindre quantité, les actinides dits mineurs : l'américium, le curium, le neptunium.

Amélioration du niveau de sûreté

On cherche à améliorer le niveau de sûreté à la fois en réduisant la probabilité d'incidence des accidents les plus graves (y compris l'éventuelle fusion du cœur) et en améliorant l'efficacité des systèmes permettant, le cas échéant, de faire face à de telles éventualités.

Diminution de la probabilité de fusion du cœur

Il s'agit :
– d'améliorer la *défense en profondeur* en diversifiant les systèmes permettant de refroidir le réacteur et en diminuant ainsi la probabilité d'arrêt de ce refroidissement ;
– de concevoir des réacteurs rendant pratiquement *impossible cette fusion*, en utilisant notamment à cette fin une gaine en carbure ayant la particularité de ne fondre qu'au-dessus de 2000°C, associée à une faible densité de puissance permettant d'évacuer l'énergie résiduelle du cœur de façon « naturelle » au travers de la cuve ;

Il s'agit, là encore, de réacteurs du type *« haute température »*, d'une puissance unitaire située entre 100 et 300 MWe. La température de la gaine combustible ne peut jamais dépasser 1 600°C, même en cas de perte de tous les systèmes de refroidissement.

– d'utiliser des *accélérateurs-réacteurs* dits *sous critiques* susceptibles de réduire les risques d'accidents de réactivité.

Amélioration des systèmes permettant de faire face aux accidents les plus graves

Il s'agit en l'occurrence :
– d'améliorer l'efficacité des systèmes permettant de lutter contre les accidents par une

évolution des systèmes *actifs* aujourd'hui utilisés ou par le développement de nouveaux systèmes, dits *passifs* ;

Ces derniers ont la particularité de ne pas impliquer l'utilisation de sources externes d'énergie pour fonctionner, en particulier d'énergie électrique. Ils ont ainsi l'avantage majeur de ne pas pouvoir tomber en panne par défaut de cette énergie. Ils ont par contre l'inconvénient de n'être utilisables qu'avec des réacteurs de puissance limitée (600 à 1 200 MWe), ce qui, du point de vue économique, peut les rendre moins performants pour l'exploitant.

– de concevoir des systèmes permettant de *faire face à une fusion du cœur*. Ces systèmes permettent de maintenir un refroidissement du cœur fondu à l'intérieur de l'enceinte de confinement en même temps que l'étanchéité de cette enceinte.

Les différents types de réacteurs en cours de développement

L'analyse précédente a permis d'identifier plusieurs types de réacteurs en cours de développement, répondant chacun à un objectif particulier (production de puissance, surgénération ou incinération), avec des caractéristiques (niveau de production, sûreté et déchets) différentes et une échéance de mise à disposition industrielle elle aussi différente (immédiate, dans une dizaine d'années, dans une vingtaine d'années ou dans une trentaine d'années). Le tableau suivant résume ces différents éléments pour chacun des types de réacteurs en cours de conception ou de développement [1].

1 Le projet industriel franco-allemand « EPR » fait partie de la première catégorie disponible à une échéance de cinq à dix ans, sous réserve d'une décision politico-économique rapide.

Description synoptique des divers types de réacteurs en projet

Type de réacteur	Fonction principale	Échéance	Amélioration de la production	Améliorations de la gestion des déchets	Amélioration de la sûreté
Les réacteurs à eau légère et à systèmes passifs	Production d'énergie	Dix ans ou moins	Niveau de puissance moyen : 600 à 1 200 MWe	Réduction des zones de contamination Possibilité de retraitement du combustible et de combustion du plutonium	Utilisation de systèmes passifs pour faire face aux accidents y compris la fusion du cœur
Les réacteurs à haute température	Production d'énergie et incinération partielle	Une vingtaine d'années	Niveau de puissance faible : 100 à 300 MWe	Réduction de la contamination Consommation améliorée du plutonium	Utilisation d'une gaine combustible en carbure et refroidissement naturel du cœur à travers la cuve réacteur
Les réacteurs à neutrons rapides	Production d'énergie avec ou sans surgénération et incinération d'actinides ; consommation du plutonium de l'uranium appauvri	Trente ans	Niveau de puissance élevé : 600 à 1 500 MWe	Réduction de la contamination Meilleure utilisation de l'uranium et du plutonium et capacité d'incinération des actinides mineurs	Risques de criticité prompte et d'incendie liés à l'utilisation de sodium liquide comme fluide de refroidissement. Utilisation alternative envisagée d'hélium
Les réacteurs sous -critiques	Incinération et production d'énergie	Trente ans		Réduction de la contamination Destruction des actinides	Suppression des accidents de réactivité et diminution du risque de fusion du cœur Risques supplémentaires liés aux neutrons de fortes énergies et à l'accélérateur

Thèmes de discussion ou de controverses

• À propos de l'amélioration du rendement thermodynamique

L'utilisation de chaleur, par exemple pour du chauffage urbain, nécessite d'une part d'en aménager le réseau d'acheminement, d'autre part de relever la température du rejet (ce qui diminue un peu le rendement en production d'électricité). Mais l'utilisation de la moitié seulement du rejet thermique d'un réacteur permettrait de se passer d'un second réacteur... Cependant jusqu'à présent tous les projets, en France, de réseaux de distribution de chaleur ont échoué.

• À propos de l'amélioration de la disponibilité

L'allongement des cycles et l'augmentation du taux de combustion poseront de nouveaux problèmes (tenue des gaines des combustibles aux très hautes fluences neutroniques, tenue du combustible lui-même, tenue des barres de contrôle, conduite du réacteur avec des combustibles à plus haut taux d'enrichissement, procédures d'urgence à réétudier, etc.) et de plus le combustible usé contiendra une plus forte concentration en actinides si on continue à utiliser un combustible dont la « matrice » est l'uranium 238.

• À propos de l'amélioration du niveau de sûreté

Les risques d'accidents de criticité croîtront en même temps que l'enrichissement des combustibles, ordinaires ou MOX.

• À propos de la production des déchets

Les projets actuels de réacteur a eau conduisent, pour une même puissance nucléaire, à la même quantité de produits de fission. Des voies de recherche à promouvoir portent sur :

– l'augmentation du rendement thermodynamique, aux fins de produire plus d'énergie utilisable pour la même puissance nucléaire et donc moins de déchets pour la même quantité d'énergie finale ;

– la mise au point de combustibles *céramiques* qui, en plus de leurs intéressantes caractéristiques intrinsèques de sûreté, constitueraient une matrice protectrice susceptible de confiner les produits de fission et les transuraniens de manière équivalente aux verres issus du retraitement ;

– les modifications de la géométrie du cœur des réacteurs susceptibles de minimiser la production de déchets à vie longue et à haute radiotoxicité (actinides).

3

P A R T I E

Le devenir des combustibles usés

chapitre VI

Gestion des combustibles usés issus des réacteurs électronucléaires

Où l'on commence par décrire la problématique de l'épuisement du combustible et les modalités actuelles de la gestion du combustible usé en France.

Où l'on aborde ensuite les diverses voies possibles d'évolution de cette gestion selon les pistes ouvertes par la loi du 30 décembre 1991[1].

Une partie de ce chapitre met en relief les justifications avancées du retraitement par ses promoteurs, son dernier paragraphe explicite les arguments contraires.

Usure des combustibles

Les réacteurs nucléaires produisent de l'électricité à partir de l'énergie libérée par la fission des atomes d'uranium. Cette énergie échauffe l'eau du circuit primaire, qui, à son tour, produit la vapeur entraînant la turbine et l'alternateur de la centrale. La réaction de fission a lieu dans les éléments combustibles qui forment le cœur du réacteur. Chaque *élément combustible* utilisé dans les réacteurs à eau pressurisée français est constitué d'un faisceau structuré de *crayons* d'oxyde d'uranium enrichi enveloppés dans une gaine métallique.

Typiquement, un élément combustible comprend deux cent quarante crayons, il mesure cinq mètres de long environ et contient une demi-tonne d'uranium (« enrichi » [1] à environ 4 %).

1 C'est-à-dire contenant 4 % de l'isotope 235 fissile au lieu de 0,7 % pour l'uranium naturel.

Lorsque le réacteur fonctionne, l'uranium 235 est consommé pour produire de l'énergie, l'enrichissement diminue. Il se forme du plutonium – qui fournit à terme plus d'un tiers de l'énergie globale – et des produits de fission à l'intérieur de l'élément, et celui-ci, usé, doit être remplacé après trois à quatre ans passés dans le cœur.

À la sortie du réacteur, l'élément usé a conservé sa forme et son apparence initiale mais il ne contient plus que 95 % d'uranium, dont la teneur en isotope 235 est de l'ordre de 1 % ; il contient aussi 1 % de plutonium et 4 % de produits de fission fortement radioactifs et d'actinides mineurs.

Que faire des combustibles usés ? Trois options majeures sont concevables : les *entreposer* en surface ou en subsurface, les *stocker*

Stockage de déchets radioactifs

© Médiathèque EDF/Patrick Landmann

en profondeur, les *retraiter*. Ces options seront développées ci-après.

Bref retour à l'histoire

En France, la production industrielle d'électricité d'origine nucléaire a commencé, dans les années 60, avec des réacteurs « UNGG »[1]. Les éléments combustibles étaient composés de barreaux d'une dizaine de kilogrammes d'uranium naturel sous forme métallique, entourés d'une gaine de magnésium. Ces caractéristiques n'étaient pas adaptées à la conservation des combustibles usés : le magnésium se corrode à l'air et dans l'eau, ainsi que l'uranium métallique. Un simple *entreposage* prolongé de ces combustibles usés n'est donc pas possible.

À cette époque, l'uranium était cher et relativement rare, et l'on pressentait qu'il serait intéressant d'utiliser la grande valeur énergétique du plutonium. Le procédé de séparation du plutonium était d'ores et déjà disponible – il avait été mis en œuvre à des fins militaires à l'usine de retraitement de Marcoule – et il suffisait de l'appliquer à une échelle industrielle. Ce fut fait d'abord à Marcoule même, puis à La Hague, le plutonium issu des cœurs étant converti, dès 1963, en combustible MOX[2] pour des réacteurs à neutrons rapides. Cependant, ce produit ne put être utilisé sous cette forme (difficultés de mise au point de cette filière, arrêt de Super-Phénix). À partir de 1985, on adapta la conversion aux réacteurs à eau pressurisée et, en 2001, plus de soixante-dix tonnes de plu-

1 « Uranium naturel – graphite – gaz » (voir p. 20).

2 « Oxyde mixte uranium +plutonium ».

tonium avaient été ainsi recyclées dans une vingtaine de réacteurs en France et une quinzaine à l'étranger.

Que fait-on aujourd'hui en France des combustibles usés et pourquoi ?

Gestion actuelle des combustibles usés : entreposage et « retraitement »

Les combustibles qui ont passé quatre ans dans le cœur du réacteur sont déchargés et séjournent, pour « refroidissement[1] », pendant quelques années dans les piscines d'entreposage de la centrale : leur niveau de radioactivité y chute d'un facteur important. Chaque année, les réacteurs d'EDF déchargent ainsi environ un millier de tonnes de combustibles usés qui sont ensuite transportés vers l'usine de la COGEMA à La Hague (de l'ordre de deux cents transports par an) où ils sont à nouveau conservés en piscine pendant environ six à huit ans avant retraitement.

Le retraitement des combustibles usés consiste à séparer les matières recyclables – uranium et plutonium – et à conditionner les déchets considérés comme « ultimes » sous une forme chimiquement stable et non contaminante, de relativement faible volume et censée être bien adaptée à un éventuel stockage définitif. Une

1 C'est-à-dire « décroissance de sa radioactivité ».

Le combustible reposera entre trois et cinq ans en piscine avant d'être traité

© Médiathèque EDF/Patrick Landmann

centaine de tonnes de combustibles MOX neufs est fabriquée chaque année pour EDF à partir du retraitement de huit-cent-cinquante tonnes de combustibles usés.

Aujourd'hui, l'utilisation de combustibles contenant des éléments recyclés est effectif en France à grande échelle : sur les cinquante-huit réacteurs EDF, vingt fonctionnent avec des combustibles MOX [1], huit autres sont techniquement susceptibles de le faire, sous réserve d'une autorisation soumise au préalable à une enquête publique.

1 Aujourd'hui 10 % environ de l'électricité nucléaire produite en France l'est à partir de combustible MOX.

Les combustibles MOX usés et le reste des combustibles usés (cent cinquante tonnes par an) sont entreposés, en attendant une décision ultérieure concernant leur gestion de la part d'EDF. Le recyclage de l'uranium récupéré lors du retraitement (URT) n'est pas effectué à grande échelle [2], du fait de la facilité de son entreposage par rapport à celui du plutonium, du cours actuellement très bas de l'uranium naturel et du coût peu élevé de son enrichissement. L'URT est donc conservé sous une forme stable à long terme, représentant ainsi une réserve énergétique importante, non proliférante, et d'un faible coût de gardiennage.

2 Seuls deux réacteurs de Cruas l'utilisent aujourd'hui.

L'usine CENTRACO à Marcoule traite depuis 1999 les déchets faiblement radioactifs issus de la maintenance et de la déconstruction des installations nucléaires, des hôpitaux ou des laboratoires de recherche : les déchets métalliques sont fondus puis coulés en lingots.

© Médiathèque EDF/Patrick Landmann

Cependant son utilisation ne pouvant être envisagée avant longtemps à un coût raisonnable, certains estiment qu'il devrait, comme le MOX usé, être actuellement considéré comme un déchet.

Les déchets ultimes, produits de fission et actinides mineurs [1], sont conditionnés sous une forme standardisée et stable (actuellement sous forme vitrifiée). Les déchets de structure (coques et embouts des éléments combustibles) et les déchets de procédés sont, eux, conditionnés après compactage dans des étuis métalliques ou dans des colis cimentés, ce qui permet leur entreposage et le confinement de la radioactivité pendant une longue période, dans l'attente d'une décision finale sur leur devenir. Il reste cependant une certaine quantité de déchets anciens à La Hague qui ne sont pas conditionnés dans leur forme ultime.

1 Le neptunium, l'américium et le curium, éléments lourds et de longue vie.

Les raisons avancées de ce choix

La gestion des combustibles usés doit nécessairement prendre en compte des considérations d'ordre écologique, économique et politique. Celles qui sont avancées ci-dessous en faveur du retraitement sont loin de faire l'unanimité, elles seront discutées au dernier paragraphe :

– *« Recycler le plutonium et l'uranium permet de consommer une plus grande part de l'énergie potentielle de l'uranium initial ».*

– *« Le retraitement réduit sensiblement les volumes des déchets à stocker ».*

Dans le cas du stockage direct des combustibles usés, la technologie suédoise de conditionnement en emballage acier/cuivre conduit à un volume de 2 m^3 par tonne d'uranium initial (la technologie américaine développée pour le site de Yucca Mountain conduit à un volume supérieur). Dans le cas du retraitement à La Hague, le volume cumulé de conteneurs en verre, de structures compactées des combustibles et de déchets technologiques représente 0,5 m^3 par tonne, soit quatre fois moins.

– « *La mission Charpin - Dessus - Pellat pour le parc nucléaire français*[1] *estime modeste – sous les hypothèses d'une durée de vie d'une quarantaine d'années des centrales et d'une utilisation de capacités de retraitement déjà amorties – le surcoût de l'option de retraitement par rapport à l'option de stockage direct* ».

1 *Étude économique prospective de la filière électrique nucléaire*, La Documentation française.

L'évolution de ce bilan sera très sensible à celle des cours de l'uranium, qui se situent actuellement à des niveaux historiquement bas. Dans l'hypothèse où les cours de l'uranium naturel redeviendraient élevés (comme pendant la crise des années 70), le recyclage pourrait apporter un gain, le recyclage combiné de l'uranium et du plutonium réduisant de 25 % le besoin d'uranium de source minière.

– « *La France dispose de peu de ressources énergétiques. L'entreposage pour une utilisation ultérieure et sous un faible volume de matières intermédiaires permet de compenser ce déficit* ».

On produit, avec 1 gramme de plutonium ou 100 grammes d'uranium de retraitement, la même quantité d'électricité qu'avec environ une tonne de pétrole, deux tonnes de charbon, trois tonnes de lignite ou mille mètres cubes de gaz ; les combustibles traités chaque année à La Hague produisent ainsi, une fois recyclés, autant d'électricité que la combustion de deux à trois dizaines de millions de tonnes de pétrole.

Autres solutions

Les modalités de retraitement des combustibles usés mises en œuvre en France ne constituent pas la seule solution – ni même la solution majoritaire – utilisée de par le monde. En France même, la loi du 30 décembre 1991 *(loi Bataille)* a défini trois axes de recherches, complémentaires, qui correspondent aux options ci-dessus évoquées : l'entreposage, le stockage géologique, la séparation et la transmutation [1] des produits à vie longue.

1 Modification de la nature des atomes.

L'entreposage et son possible devenir

L'*entreposage*, en surface ou en subsurface, est mis en œuvre, par la force des choses, dans les pays où l'on prévoit l'ouverture d'un centre de stockage souterrain définitif et en attendant la finalisation des conditions dans lesquelles les combustibles pourraient y être acceptés. Sa durée actuellement envisagée est de l'ordre de plusieurs décennies. C'est la voie choisie, entre autres, aux USA (entreposage dispersé) et en Suède (entreposage centralisé). Les techniques en sont bien maîtrisées et l'expérience accumulée est considérable.

L'entreposage peut également être envisagé de manière différente : sur une beaucoup plus longue durée, et cela dans l'intention affichée d'attendre, le temps nécessaire, des techniques radicalement différentes de ce que l'on connaît aujourd'hui. Il pourrait s'agir soit d'entreposages souterrains profonds, à condition qu'ils soient socialement acceptés, ce qui n'est pas le cas pour le moment, soit d'une valorisation d'une partie des déchets, soit de leur transmutation, soit d'éventuelles autres solutions encore inconnues actuellement.

Un entreposage *illimité* dans le temps de quantités significatives de radioéléments à vie longue n'est pas réellement envisageable. Il n'est concevable que sur une période définie, pendant laquelle les lieux d'entreposage restent connus et surveillés, et au cours de laquelle les qualités des colis entreposés et des barrières construites assurent un confinement réel de la radioactivité. Un entreposage *à très long terme* engagerait *de facto* un pari sur des évolutions technologiques et sociales susceptibles de permettre de le gérer demain de façon *durable*[1]. On pourrait toutefois envisager un entreposage de durée intermédiaire, par périodes d'une cinquantaine d'années par exemple, avec, à chaque étape, un contrôle et une nouvelle autorisation pour la période à venir.

Cette solution transférerait aux générations futures la charge de ·gler le problème, alors ıême que nous aurions bénéficié, nous, de l'avantage que représente la production lectricité par des réac- eurs. Certains pensent ı'il ne s'agirait pas d'un inconvénient mais au ·ntraire d'un avantage : on n'imposerait pas « notre » solution aux jénérations, futures, on ır laisserait le choix (en ction de l'évolution des ınnaissances acquises par la recherche et le développement).

Le stockage géologique

Depuis le début de l'utilisation de l'énergie nucléaire, il a été envisagé de *stocker* les déchets à plusieurs centaines de mètres de profondeur dans le sous-sol, au sein de *couches géologiques* peu perméables. On introduirait ainsi une protection supplémentaire, stable à très long terme et indépendante des actions humaines : la barrière géologique. Celle-ci jouerait à la fois le rôle de milieu en principe non soumis aux perturbations de la surface et d'obstacle potentiel à la migration des radioéléments jusqu'aux milieux naturels de subsurface ou de surface et à l'homme.

La recherche de tels sites de stockage suscite cependant, un peu partout dans le monde, des oppositions. Ces oppositions se cristallisent généralement autour des incertitudes déjà évoquées ci-dessus à propos de l'entreposage à très long terme : comment garantir la sécurité des habitants du voisinage jusqu'à des horizons de plusieurs millénaires ? A-t-on moralement le droit de faire le choix de laisser aux générations futures le soin de gérer ces incertitudes avec les techniques de demain, supposées meilleures ?

C'est pour répondre à ces préoccupations qu'a été introduit en France, par la loi Bataille, le concept de *réversibilité* du stockage. Il s'agit essentiellement, selon le consensus international actuel, de pouvoir retirer un jour les colis du site de stockage soit parce qu'on pensera pouvoir en valoriser certains composants, soit parce que l'on en aura trouvé une meilleure voie de gestion, soit enfin parce que le stockage donnerait des signes de défaillance. On prévoit alors des étapes progressives dans la réalisation et dans la fermeture des sites, en laissant un retour en arrière possible jusqu'à une décision de fermeture complète. C'est le concept d'*entreposage géologique* en profondeur, conçu pour n'être rendu irréversible que lorsqu'on se sentira en légitimité de le faire. L'objectif est bien alors de pouvoir aller vers la fermeture définitive et vers l'*oubli* mais en reconnaissant explicitement que ce n'est pas « décidable » aujourd'hui.

La séparation et la transmutation des produits à vie longue

Bien que la radioactivité décroisse avec le temps, il est envisagé, pour diminuer la toxicité des déchets, de *séparer* certains radionucléides à vie très longue et de les *transmuter* en produits à vie courte, en réduisant ainsi leur impact en cas de défaillance du stockage géologique. Ce traitement peut s'appliquer d'ores et déjà au plutonium, mais pourrait s'étendre aussi aux actinides mineurs et à certains produits de fission à vie longue [1].

[1] L'iode, le césium, le technetium.

Diverses recherches sont menées à ce sujet depuis de nombreuses années, notamment en France, aux USA et au Japon. La mise en œuvre industrielle de tels procédés est cependant encore relativement lointaine. Elle nécessiterait la construction de nouveaux réacteurs nucléaires ou d'accélérateurs de particules mieux adaptés à ces objectifs. Elle nécessiterait également une étape obligatoire de retraitement poussé et sélectif de tous les combustibles usés. En l'état actuel des connaissances scientifiques toutefois, elle ne permettrait pas d'envisager un taux de transmutation de 100 %, ni de traiter tous les radionucléides : il resterait toujours des déchets ultimes à isoler.

Thèmes de discussions ou de controverses

Retraitement des combustibles usés

Pour certains, cette technique ne réduit pas significativement la *quantité de plutonium* autant que l'indiquent ses promoteurs et elle conduit en soi à la séparation de *transuraniens* [1] nocifs. Ils ajoutent que :

– la *réduction de volume* des déchets à stocker n'est pas démontrée si l'on prend en compte le volume propre de leurs *emballages* (celui-ci serait minimisé voire omis dans le raisonnement présenté). Le volume des installations de stockage profond nécessaire dépend de surcroît essentiellement de la quantité de chaleur dégagée, qui, selon certains, serait du même ordre de grandeur que celle produite par des combustibles usés ;

– que le *plutonium* n'existe pour ainsi dire pas à l'état naturel et que sa concentration par le processus de séparation pose en soi problème : à l'intérêt supposé de pouvoir le récupérer et l'utiliser, ils opposent les risques qui résultent de sa forte toxicité chimique, de sa radioactivité à long terme. Ils craignent la banalisation de l'industrie du plutonium et que le volume des transports associés à travers toute la France ne conduise à des risques de dissémination par accident, par attentat, voire à des possibilités d'utilisation militaire ou terroriste [2]. La banalisation de la technologie du retraitement serait donc susceptible d'induire des risques majeurs et de contribuer à la prolifération de l'arme nucléaire ;

1 Éléments radioactifs à très longue vie, y compris les actinides mineurs.

2 Certains contestent que le plutonium issu du retraitement puisse être facilement utilisé à des fins militaires, mais cette question est l'objet de fortes controverses.

– que les usines de retraitement induisent des *rejets supplémentaires* dont la nature (les radioéléments concernés ne sont pas les mêmes que pour les centrales), la nocivité relative (ils sont cinq à six fois plus « actifs » que ces derniers) et la capacité de transfert à longue distance posent, elles aussi, problème ;

On se souvient notamment, à ce propos, de la controverse au sujet d'un éventuel accroissement du risque de leucémie au voisinage de ces usines, hypothèse avancée à la suite de l'observation de quelques cas surnuméraires de cette maladie autour de La Hague. Elle aura eu pour mérite de favoriser l'émergence de recherches radioécologiques et épidémiologiques approfondies à ce sujet. Le débat n'est pas clos.

– que la stratégie du retraitement n'aurait éventuellement de justification que si elle permettait de se débarrasser des *déchets à durées de vie très longues*, comme les actinides mineurs (neptunium, curium, etc.). Ils estiment que cela impliquerait d'augmenter notablement la taille des usines de retraitement et donc leurs nuisances. De plus, l'indispensable multi-recyclage de ces déchets et les pertes inévitables à chaque cycle risqueraient de conduire de fait à accroître le risque de leur dissémination.

Coûts du retraitement

L'évaluation modeste de ce coût par le rapport Charpin – Dessus – Pellat devrait être revue à la hausse si l'une des hypothèses sur lesquelles elle repose (des réacteurs du modèle actuel fonctionnant pendant quarante à quarante-cinq ans à un taux d'utilisation de 85 %) devait être revue à la baisse.

Stockage géologique des déchets

Plusieurs questions majeures relèvent des *choix* directement associés à cette procédure :
– le choix des *sites de stockage* : la recherche d'une bonne géologie peut mener à implanter un stockage en un lieu où la population n'avait auparavant jamais directement bénéficié de l'industrie nucléaire et où elle devrait néanmoins accepter des risques supplémentaires, en quelque sorte par « délégation » d'une nation ou d'un groupe de nations (si le stockage devenait multinational) ;
– le choix de la *réversibilité ou de l'irréversibilité du stockage* (questions que l'on peut qualifier *d'éthique inter-générationnelle) :* doit-on faire le choix d'une gestion de déchets avec nos techniques d'aujourd'hui, pour ne pas laisser ce « fardeau » à nos descendants, et ne ferait-on pas mieux de laisser ce choix ouvert, puisqu'on peut espérer, pour demain, de meilleures techniques ? Quels sont, dans les deux cas, les risques et les budgets à prévoir ? Et, dans le second cas, comment peut-on, de façon crédible, provisionner à long terme (sur des décennies, voire des siècles...) les dépenses en question et assurer la poursuite des recherches, développements et investissements industriels nécessaires pour que l'espoir de meilleurs techniques devienne réalité ?
– les choix prévus par l'application de la loi Bataille. Certains font valoir que, tant d'un

point de vue scientifique qu'économique, que si l'on décide, dans l'avenir, de retraiter les combustibles irradiés, il sera toujours possible de le faire. Tandis que si on les retraite maintenant il ne sera pas possible de revenir en arrière. Ils considèrent donc qu'en l'attente de ces conclusions, seul l'entreposage en l'état laisse les choix du futur réellement ouverts. La loi, quant à elle, stipule que l'on étudie pendant les années qui nous séparent du « rendez-vous » qu'elle fixe (2006) les différentes options envisageables afin de permettre aux élus, le moment venu, de prendre les décisions qui leur incombent au vu des avantages et inconvénients de chacune d'elles [1].

1 La loi Bataille précise en son article 4 *« qu'à l'issue d'une période qui ne pourra excéder quinze ans à compter de la promulgation de la présente loi, le Gouvernement adressera au Parlement un rapport global d'évaluation de ces recherches accompagné d'un projet de loi autorisant, le cas échéant, la création d'un centre de stockage de déchets radioactifs à haute activité et à vie longue et fixant le régime des servitudes et des sujétions afférentes à ce centre »*.

Libres propos conclusifs de membres du CSSIN

Où l'on donne librement la parole à ceux des membres du CSSIN qui souhaitent s'exprimer au sujet du texte qui précède, en quelque sorte en prolégomènes aux débats à venir...

Jean-Pierre MORICHAUD
(FP, Forum Plutonium) :
Je ne souhaite pas que les adhérents du Forum Plutonium et ceux, plus nombreux, du réseau « Sortir du Nucléaire » auquel le Forum est affilié, pensent que je considère ce document comme une base de discussion objective pour *l'organisation de débats contradictoires*. En effet, sur deux des thèmes retenus que sont « la durée de vie des centrales » et « la gestion du combustible usé », l'état des lieux est remplacé par un argumentaire de l'exploitant visant à justifier ses choix stratégiques : prolonger la vie des réacteurs de 25 à 40 ans, et retraiter le combustible usé pour en extraire le plutonium, base du combustible MOX, et aussi l'uranium non fissionné pour le stocker en attente d'un usage ultérieur.
Pour tenter de compléter le document par un argumentaire contradictoire, je suggère aux lecteurs de consulter les publications suivantes :
– « L'espérance de vie des centrales »,

1 Disponible au CEA, -33 rue de la Fédération, 75752 Paris cedex 15.

2 31-33, rue de la Colonie, 75013 Paris.

dans *Les Défis du CEA*[1] n° 64 de février 1998. Le responsable du Centre d'étude des matériaux irradiés (C3MI) à Saclay y fait l'inventaire des « points chauds » des réacteurs et des remèdes envisagés.

– *Cogema-La Hague : les techniques de production de déchets*, une publication en 1994 du bureau d'étude WISE-Paris[2], où il est démontré que le retraitement pratiqué à La Hague, loin de résorber les rebuts des centrales nucléaires, en multiplie le volume par treize au moins.

Je regrette que, s'agissant au moins de ces deux thèmes, deux ans de travail du CSSIN n'aient pas permis de produire une analyse objective et factuelle de l'état de l'électronucléaire en France, accessible au simple citoyen et lui donnant les moyens de juger lui-même de la sûreté des installations et de l'opportunité des choix actuels. Au lieu de cela, ce document est un argumentaire *pro domo*, justifiant ces choix actuels et en proposant d'autres, de même nature, pour demain.

Je ne suis donc pas solidaire des signataires de ce document.

Jacques OLIVIER

(Confédération générale du travail – CGT)

S'il fallait reconnaître un mérite au document élaboré par le CSSIN, c'est celui d'identifier avec clarté les questions posées en matière de risques par l'utilisation de l'énergie nucléaire pour la production d'électricité.

La CGT, attachée à l'indépendance énergétique et estimant nécessaire au regard d'un pays pauvre en ressources fossiles de recourir à toutes les énergies pour répondre aux besoins de la nation et de son peuple, s'est toujours prononcée favorablement pour la production d'électricité d'origine nucléaire. Mais cet accord s'est toujours accompagné, depuis le début de l'exploitation des centrales nucléaires dans notre pays, de la plus extrême vigilance sur les conditions humaines, sociales, matérielles nécessaires pour la maîtrise des risques.

L'exigence portée par la CGT et acceptée par les pouvoirs publics de ne pouvoir continuer le chargement des premières tranches nucléaires sans l'avis favorable du CHSCT [1], lors de la découverte au début des années 80 de fissures dans les cuves de réacteur, est un exemple de cette vigilance. La lutte, toujours d'actualité, contre le recours massif à la sous-traitance pour effectuer des travaux de maintenance sur les centrales nucléaires en est un autre témoignage.

1 Comité hygiène, sécurité et conditions de travail.

Les milliers d'exemples qui, en plus de vingt ans d'exploitation, pourraient être cités, au bénéfice d'ailleurs de toutes les organisations syndicales, dans la bataille quotidienne de garantie du plus haut niveau de sûreté, permettent d'affirmer que la syndicalisation importante du personnel des industries électriques est un atout majeur dans la prévention des risques, comme l'est également l'existence d'un sta-

tut du personnel propre à ces industries, donnant aux salariés les droits et garanties collectives leur permettant de se faire entendre et d'agir contre toute décision allant à l'encontre de la sûreté nucléaire.
On ne peut cependant oublier que la sûreté nucléaire est d'autant plus la préoccupation première des personnels qu'ils ont le sentiment de contribuer au bien de la nation en bâtissant puis en exploitant une entreprise qui s'identifie au service public, une entreprise à laquelle, en tant qu'établissement national, la loi donne un fondement qui lui ôte toute finalité de profit. La marchandisation de l'énergie vient accélérer le risque, depuis toujours existant, de privilégier la compétitivité vis-à-vis de la sûreté : mise en concurrence des salariés et recours à des salariés dotés de droits et de garanties collectives amoindries pour réduire les coûts d'exploitation, conditions de travail dégradées, diminution des budgets d'entretien, raccourcissement des périodes de maintenance, primauté de la rentabilité financière. De ce fait, la transformation de l'énergie en marchandise ne peut être sans conséquences sur la sûreté nucléaire, sur le vécu qu'en ont les salariés, sur la perception que peut avoir la population.
Cette transformation conduit à la banalisation des risques. Sans exclure qu'elle pourrait ne pas survivre aux « exemples » de déréglementation que le monde connaît : rail britannique, crise californienne de

1 Entreprise américaine ayant utilisé la dérégulation du marché de l'électricité et du gaz pour tirer profit du *trading* d'énergie jusqu'à ce que l'impossibilité d'honorer des ventes d'énergie dont la production était insuffisante ou inexistante l'entraîne dans une faillite retentissante.

pénurie d'électricité, scandale d'*Enron* [1], elle exige des réponses telles que droit de regard accru des citoyens, possibilités nouvelles pour les salariés intervenants, notamment par le biais des CHSCT, rôle majeur de l'autorité de sûreté tant en terme de politique de sûreté que de contrôle.

Comme les vingt années d'exploitation des centrales nucléaires françaises le démontrent, même avec des principes excluant théoriquement la recherche du profit, la place de l'homme, son comportement de citoyen, le rôle des travailleurs pour imposer la sûreté nucléaire comme « la prunelle des yeux de l'exploitant » seront toujours des éléments primordiaux pour poursuivre l'utilisation de l'énergie nucléaire.

Pour autant, si la question de la maîtrise des risques constitue un aspect fondamental concernant l'énergie nucléaire, elle ne peut servir de seule échelle de jugement pour déterminer la politique énergétique de la France.

Contribuer à préparer *« le débat démocratique et scientifique envisagé à propos de la question de l'énergie et, en particulier, de la contribution du nucléaire à sa production »*, c'est permettre à chacun d'avoir, outre les données scientifiques, les données politiques, sociales, économiques, industrielles et environnementales pertinentes. Une illustration peut en être donnée en rappelant par exemple que le choix fait, dans les années 70, de recourir à l'énergie nucléaire pour la production d'électricité eut pour base, dans un pays pauvre en matières premières, tant l'indépendance énergétique nationale que la volonté de garantir aux usagers par des investissements de long terme une stabilité des prix de vente, affranchie de la loi du marché des combustibles fossiles [1]. C'est aussi rappeler que, tout en contribuant à la préservation des ressources fossiles de la planète dont les experts annoncent, pour le pétrole et le gaz, l'épuisement au cours de ce siècle, ce choix fait pour la production d'électricité permit la création de milliers d'emplois tout en donnant l'une des premières places à l'industrie électro-mécanique française.

1 Volonté d'autant plus affirmée que, dans le même temps, fut décidé le doublement de la production d'origine électrique d'origine hydraulique.

En ajoutant à ces éléments des données et des enjeux d'aujourd'hui et de demain, tels que, par exemple, le respect des engagements de Kyoto sur la réduction des émissions de gaz à effet de serre (ce que réalise la France, un tiers de la consommation nationale d'énergie provenant de l'énergie nucléaire) ou encore les questions posées par le Livre vert de la Commission des communautés européennes sur la stratégie de sécurité d'approvisionnement énergétiquc, on mesure bien que le débat sur la politique énergétique ne peut se limiter à un débat caricatural entre déchets nucléaires et effet de serre !

En rappelant également que la meilleure arme de dissuasion contre le déséquilibre entre pays « riches » et pays « en voie de développement » est le développement économique pour tous les peuples de la planète – ce qui suppose de multiplier par trois ou quatre la consommation énergétique globale et donc d'avoir recours à toutes les formes d'énergie exploitables – on comprend que le débat de politique énergétique doit prendre en compte tant la part prépondérante des pays « développés » à l'épuisement de certaines ressources naturelles (telles que le pétrole ou le gaz), à l'horizon de ce siècle – engendrant par là même une instabilité géopolitique croissante – que la nécessité de formation et de qualification pour maîtriser le processus de fission nucléaire.

C'est parce qu'il revient, dans une démocratie, aux citoyens de décider en toute connaissance de cause, que le débat est essentiel, à condition d'en donner tous les éléments et d'en faire mesurer tous les enjeux. La CGT ne peut que se satisfaire du travail du CSSIN en tant qu'un des éléments de ce débat et elle sera partie prenante, avec ses conceptions et ses idées, de la suite qui lui sera donnée.

En évoquant enfin une autre donnée à prendre en compte pour les moyens de production de demain : le temps de construction (dix ans pour une centrale nucléaire, six ans pour une centrale fonctionnant au charbon, quatre ans pour une centrale utilisant du gaz), la CGT ne peut que souhaiter que le temps du débat vienne le plus rapidement possible, si l'on ne veut pas que soit dessiné un paysage énergétique qui tiendrait plus d'une *« force des choses »*, coïncidant étrangement avec des choix à court terme et de rentabilité immédiate, que de la volonté de la Nation.

François Rollinger
(Confédération française démocratique du travail – CFDT) :
La situation de l'énergie en France et l'abondance résultant notamment de l'européanisation du marché de l'électricité offrent une opportunité démocratique sans égale depuis le début du nucléaire : pour la CFDT, il n'y a pas d'urgence avant plusieurs années à faire des investissements lourds de production d'électricité, centrales nucléaires ou autres.

La CFDT revendique l'organisation avant toute décision d'un véritable débat démocratique sur les choix de notre pays pour le futur : choix de politique énergétique, choix à faire pour le remplacement des installations nucléaires. Dans ce contexte, la CFDT considère que la priorité doit être donnée aux économies d'énergie et aux énergies renouvelables et que la France doit se donner les moyens nécessaires en terme de recherche et d'incitations économiques. Il n'en reste pas moins que la France devra continuer à recourir aux énergies fossiles parmi lesquelles l'énergie nucléaire a toute sa place même si elle doit être réduite par rapport à la situation actuelle.

Un débat démocratique pour être riche doit s'appuyer sur des informations contradictoires et des recherches permettant aux citoyens de juger des avantages et inconvénients des différentes solutions ; ce doit être le cas pour les réacteurs comme pour le cycle du combustible où un rendez-vous est prévu par la loi en 2006.

La participation à l'élaboration du présent document ne signifie pas que la CFDT adhère à la présentation qui y est faite et, en particulier, elle ne peut se reconnaître dans une opposition caricaturale entre les industriels promoteurs du nucléaire et des critiques qui ne seraient le fait que d'opposants systématiques. Néanmoins, le présent travail du CSSIN, avec toutes ses limites et imperfections, est une tentative qui va dans le bon sens pour contribuer à amorcer ce débat démocratique que nous demandons.

La CFDT, implantée dans tous les secteurs de la société, prendra ses responsabilités dans un tel débat démocratique et jouera pleinement son rôle de médiateur entre les citoyens et les spécialistes.

Philippe Roqueplo,
membre du CSSIN nommé sur proposition du ministre de l'Aménagement du territoire et de l'Environnement

L'avertissement situé en tête de ce document prévient le lecteur : *« un véritable équilibre entre les diverses thèses en présence ne peut résulter que de la lecture attentive de l'ensemble du document »*, y compris *« les libres propos de certains membres du CSSIN »*.

Les remarques « critiques » qui vont suivre ont pour but de contribuer à cet équilibre.

1) Je voudrais tout d'abord mettre en évidence un phénomène auquel il faudra, à mon avis, être très attentifs au cours des débats ultérieurs. Je prendrai pour exemple le premier chapitre. La question à laquelle il entend répondre est celle des *« effets des irradiations sur la santé »* et il se termine par l'évocation comparative des diverses sources d'exposition pour conclure : *« l'exposition en provenance des industries nucléaires contribue pour environ 0,5 % du total »*. Or, là n'était pas la question posée. On est subrepticement passé de considérations portant sur *les gens* (dont la santé est susceptible d'être altérée) à une comparaison entre les divers *émetteurs* de radiations, ce qui a pour résultat que l'énergie nucléaire se trouve complètement disculpée. On déclare : *« vous voyez, tout va bien »*, alors que la véritable objectivité aurait été de dire : *« tant que tout va bien tout va bien »*. Cette nuance est capitale : en effet ce qui va être en débat parmi les citoyens, ce ne sera pas la contribution actuelle du nucléaire (laquelle est ce qu'elle est), mais sa contribution à venir. Dès lors la question à laquelle il faut répondre est : quel est le risque pour la santé qui doit dès aujourd'hui être stratégiquement pris en considération dans la perspective où, un jour, *« tout n'irait plus aussi bien qu'aujourd'hui »* ? Or cette question n'a

apparemment pas été entendue. Elle reste donc sans réponse et c'est dommage.

Il conviendrait d'ailleurs d'intégrer aux risques sur la santé ceux qui vont résulter d'ici quelques années des nombreux transports de matières irradiantes provenant des chantiers de démantèlement des centrales. Et surtout l'éventualité que se produise un jour un accident nucléaire grave donnant lieu à un déluge de radiations dont les effets sur la santé seraient catastrophiques. Des informations seraient ici de la plus haute importance dès lors qu'il s'agit, comme le dit l'avertissement figurant en tête de ce document, de « *contribuer à préparer en profondeur le débat démocratique et scientifique envisagé à propos de la question de l'énergie et, en particulier, de la contribution du nucléaire à sa production* ».

À propos de l'éventualité d'un accident grave, on lit à la page 8 du rapport publié le 15 janvier 1990 par l'inspecteur général d'EDF pour la sûreté nucléaire [1] : « *Les accidents graves sur une centrale nucléaire sont ceux qui conduisent à un risque radiologique suffisamment important pour que les pouvoirs publics jugent nécessaire de déclencher sur le site le Plan d'urgence (PPI, Plan particulier d'intervention)...* » et de conclure : « *il faut donc considérer que dans l'état actuel de sûreté du parc EDF, la probabilité de voir survenir un tel accident sur une des tranches du parc dans les 20 ans à venir peut être de quelques pour cent.* » Quelques pour cent, ce n'est pas rien ! Ne convenait-il pas, dans l'actuel document

1 Ce rapport (interne à EDF mais non confidentiel) a été communiqué à la presse au début de 1990. L'extrait que je reproduis ici a été repris par plusieurs journaux dont *Le Monde*. Ceci donna lieu à un débat qui fut à la fois public et animé.

publié par le CSSIN, de donner des informations sur ces plans particuliers d'intervention et sur la probabilité d'avoir à les mettre en œuvre ? Plus encore : sur la probabilité que, *malgré cette mise en œuvre*, un tel « accident grave » se transforme en accident gravissime, voire : catastrophique ?

2) Autre considération : l'expérience française montre à quel point la sûreté d'un parc nucléaire exige du personnel de haute compétence (donc une formation de grande qualité), des institutions solides (comme EDF, le CEA ou l'IPSN) et un régime politique globalement stable. L'expérience des pays de l'Europe de l'Est montre, elle, les conséquences sur la sûreté des installations nucléaires qui peuvent résulter d'une situation socio-politique et économique instable. De ce point de vue, ne convient-il pas de déclarer avec vigueur que *la sûreté (des centrales, de leur démantèlement, des sites qu'elles auront occupés, des transports de matières fissiles et enfin des déchets à vie longue) ne constitue pas d'abord un problème technique, mais surtout un problème culturel, social et politique ?*

L'importance qu'il convient de donner à ces conditions socio-culturelles et politiques de la sûreté nucléaire ne conduit-elle pas à considérer comme une urgence politique majeure la limitation du développement de l'énergie nucléaire dans le monde ? Ceci n'implique-t-il pas que la France renonce à exporter l'énergie nucléaire dans les pays qui ne sont pas socio-culturellement aptes à la contrôler ? Ceci n'implique-t-il pas, aussi, que l'on cesse de prétendre que l'énergie nucléaire peut constituer un remède significatif à l'échauffement climatique résultant des émissions (passées et futures) de gaz à effet de serre dans le monde ? En effet, il ne pourrait en être ainsi qu'au prix d'un énorme développement mondial de l'énergie nucléaire constituant un risque nucléaire gigantesque. C'est l'exigence de sûreté qui fixe une limite inéluctable à l'importance de l'énergie nucléaire pour contrecarrer l'échauffement à venir de la planète.

Les citoyens qui prendront part aux débats en vue desquels ce texte a été rédigé aborderont inéluctablement ce genre de questions. Ils s'étonneront que le document qui leur est proposé les prépare si peu à en débattre. Je souhaite que cet étonnement serve lui-même à nourrir les débats.

Raymond Sené *(GSIEN, Groupement de scientifiques pour l'information sur l'énergie nucléaire)* **et Pierre Barbey** *(ACRO, Association pour le contrôle de radioactivité dans l'Ouest)*

Depuis vingt-cinq ans que le programme électronucléaire a été lancé, de très nombreux citoyens souhaitent, demandent, qu'un large débat contradictoire se déroule. Or, malgré de nombreux rapports aussi bien parlementaires que gouvernementaux préparant un tel débat, celui-ci n'a jamais dépassé le stade des intentions. Il y a vingt-cinq ans la question qui aurait dû être débattue était la pertinence d'un tel programme, tant à propos de son ampleur que des choix techniques pour le mettre en œuvre.

À défaut d'un tel débat, les faits ont apporté une réponse, au moins sur le premier point. L'ampleur du programme basé sur des prévisions très largement surestimées fournies par la commission PEON (Commission pour la Production d'électricité d'origine nucléaire), a conduit à une situation de suréquipement du parc de production électrique français. Rappelons que le programme initial prévoyait 200 réacteurs en service en France pour l'an 2000, alors qu'actuellement avec un parc de cinquante-huit réacteurs, la production de dix unités ne sert qu'à l'exportation d'électricité (les déchets et les nuisances restant à notre charge).

En 2002, l'âge de la majeure partie du parc électronucléaire se situant dans la vingtaine d'années, l'éventuel renouvellement (ou non) du parc est au cœur des préoccupations aussi bien des industriels que des citoyens. Toute la problématique va donc partir de questions apparemment simples :

- Est-il nécessaire d'engager dès aujourd'hui le lancement de la construction de nouvelles unités de production ? C'est-à-dire quelle est la marge de la production d'électricité par rapport aux besoins ?

• À quel horizon ce besoin se fera-t-il sentir et donc quand faudrait-il commencer la construction de nouvelles unités de production, l'anticipation étant indispensable en la matière ?

• En fonction du temps disponible quels sont les autres moyens qui peuvent être mis en œuvre ?

• Dans l'hypothèse d'un recours à l'énergie nucléaire, quelle devrait être sa place dans l'inventaire des diverses sources d'énergie possibles ?

• Toujours dans cette hypothèse, quels types de réacteurs pourraient-ils être mis en service ?

Pour éclairer cette dernière partie du débat, que le Conseil Supérieur de la sûreté et de l'information nucléaire a estimé être la seule de sa compétence (il n'est d'ailleurs pas évident que le Conseil doive se limiter à cet aspect), il faut apporter des éléments d'information et c'est la motivation du document proposé sur la sûreté des réacteurs et la gestion des combustibles usés.

Le Conseil ayant voulu se limiter à ces points, se pose tout de suite la question de leur pertinence pour amorcer un tel débat et de leur adéquation avec les attentes des citoyens. Il est, de plus, souhaitable (indispensable même) que ce débat soit contradictoire, donc les informations doivent être équilibrées, apportant tant le point de vue des constructeurs, des exploitants que celui de citoyens plus critiques vis-à-vis de cette technologie et de ses conséquences.

La composition du CSSIN (ressemblant à celle du pâté d'alouette, un cheval, les partisans du nucléaire et l'alouette, les membres critiques) demanda un travail important pour y introduire des éléments d'information contradictoires. Mais à trop polir les formulations, on risque de faire disparaître toutes les rugosités indispensables à l'ouverture d'un réel débat.

Une autre difficulté rend délicate, voire illusoire la notion d'« informations de base pour un débat contradictoire ». De tout temps les tenants du nucléaire ont considéré que ce sujet était trop technique, trop compliqué pour le citoyen « de base » et qu'il était inutile d'aborder les questions qu'ils jugent trop « pointues » parce que, de fait, elles sont, dans la plupart des cas, relatives à des domaines de grande incertitude. Depuis le lancement du plan Mesmer en 1975, à chaque fois qu'une controverse se développe, il est demandé à ceux qui questionnent de justifier leurs propos, propos qui sont réfutés par les industriels du nucléaire sur la base d'arguments dont on leur refuse la possibilité d'en vérifier la véracité. C'est pourquoi, sur de nombreux points, il serait souhaitable de donner des éléments d'information factuels, ce qui aurait vraisemblablement éclairé le lecteur, mais alourdi la présentation du document.

Ce brouillard qui enveloppe les informations sur l'énergie nucléaire commence à se dissiper sur le plan technique mais persiste dans le domaine des données économiques dont les bases sont en permanence adaptées au résultat souhaité.

Il est un domaine où il nous semble que le document reste très éloigné des préoccupations citoyennes, tant des populations que des travailleurs, c'est celui de la radioprotection. La demande n'est pas d'être « éclairé » sur les controverses scientifiques mais d'obtenir des réponses, même incertaines, sur les effets de la radioactivité sur la santé. Une question récurrente concerne l'accident et ses effets potentiels. Tchernobyl est dans toutes les mémoires, et même si en France ses effets ne sont pas comparables à ce qu'ont subi et subissent encore les populations biélorusses, ukrainiennes et russes, on ne peut l'ignorer. Le fait qu'on ne soit pas capable de donner une réponse non ambiguë sur les effets des faibles doses chroniques, ne doit pas faire esquiver la question. L'exemple de l'amiante dont les effets, à une exposition faible mais permanente, étaient niés, montre que cette politique de l'autruche peut conduire à une situation catastrophique. Des éléments de réponse sous forme de comparaison avec la radioactivité naturelle oublient que « naturel » n'a jamais été synonyme de « bon pour la santé ».

Autre difficulté : « les corps intermédiaires » pour l'animation des débats. Quels sont ces corps intermédiaires ? Nous en connaissons quelques-uns, soit fabriqués de toutes pièces et pilotés par des éléments du *corpus nuclearis*, soit investis de longue date par ces mêmes éléments en raison de leur impact dans les secteurs socioprofessionnels. Il existe d'autres possibilités (commission locale d'information, syndicats, associations de défense de l'environnement, milieu scolaire, etc.). Mais face aux capacités de *lobbying* de l'industrie nucléaire il est illusoire d'espérer participer à l'animation de tous les débats, et il est bien connu qu'un débat animé de façon unilatérale ne peut qu'être une opération de propagande.

En supposant résolue l'existence de ces médiateurs, un point demeure : comment tenir compte des attentes citoyennes, comment amorcer un réel débat rendu difficile par la lassitude de ceux qui ont tenté d'y participer plusieurs fois sans résultat tangible, comment prendre en compte leurs questionnements et ne pas les évacuer parce que sans intérêt ou trop partisans ?

Enfin, dernière note pessimiste : en supposant qu'un tel débat ait lieu, à quoi pourrait-il aboutir ? L'expérience historique de ces vingt-cinq dernières années montre que les décisions gouvernementales en matière de politique énergétique ne tiennent pas compte de l'opinion publique, mais uniquement des orientations proposées par les industriels et les grands organismes. Si on avait créé un Commissariat à l'énergie solaire équivalant au Commissariat à l'énergie atomique, peut-être l'histoire bégaierait-elle moins ! Encore aurait-il fallu que l'énergie solaire présente un intérêt militaire...

Le GSIEN et l'ACRO ont participé à l'élaboration de ce document, mais n'adhèrent pas pour autant à la démarche suivie. Le débat sur « la production d'électricité d'origine nucléaire en France » n'est pas le débat sur l'énergie que nous appelons de tous nos vœux. Se cantonner à la sûreté des réacteurs et à la gestion des combustibles irradiés est une fois de plus enfermé le débat dans la technologie, technologie dont les limites et l'empirisme des connaissances ne sont pas explicités. On n'imaginerait pas un débat sur la peine de mort et les peines de substitution limitée à une comparaison des avantages de la chaise électrique sur la guillotine...

Cependant ce document du CSSIN, avec ses limites et ses imperfections, essaie d'amorcer un débat. Même si nous ne sommes pas en accord avec de nombreuses approches (retraitement, nouveaux réacteurs...), nous essayerons de jouer notre rôle pour que le débat sur l'énergie puisse avoir lieu dans des conditions acceptables.

A N N E X E S

Annexe 1

Composition du Conseil supérieur de la sûreté et de l'information nucléaires à la date de mai 2002 (CSSIN)

(Décret 87-137 du 2 mars 1987 et arrêtés de nominations).

Président : M. **Philippe Lazar**, conseiller maître à la Cour des comptes.

Vice-président : M. **René Pellat**, haut-commissaire à l'énergie atomique.

Vice-présidente : Mme **Ann MacLachlan**, journaliste à Nucleonics week..

– M. **Gérard Revol**, député.

– M. **Henri Revol**, sénateur.

Des personnalités choisies en raison de leur compétence scientifique, technique, économique ou sociale :

M. **Pierre Galle**, professeur de physique et chimie, École nationale vétérinaire d'Alfort.
Mme **Claudine Herzlich**, directeur de recherche émérite au CNRS.
M. **Patrick Lagadec**, directeur de recherche à l'École polytechnique.
M. **Philippe Roqueplo**, directeur de recherche honoraire au CNRS.
M. **Jean-Paul Schapira**, directeur de recherche au CNRS.
M. Raymond Sené, chercheur honoraire au CNRS.
M. **Alfred Spira**, professeur de santé publique à l'université de Paris-sud.
M. **Jean-Claude Wanner**, ingénieur général de l'armement.

Des personnalités choisies en raison de leur compétence en matière d'information et de communication :

M. **Pierre Kohler**, journaliste à RTL.
M. **Yves Leers**, journaliste.
Mme **Jacqueline Meillon**, journaliste au journal Le Parisien.
Mme **Françoise Monier**, journaliste à L'Express.
M. **Fabrice Nodé-Langlois**, journaliste au Figaro.

Le directeur général d'EDF ou son représentant : M. **Claude Frantzen** puis M. **Pierre Wiroth**, inspecteur général de la sûreté d'EDF.

Des représentants d'organisations syndicales représentatives :

M. **Daniel Lacquemant**, Confédération française de l'encadrement.
Mme **Geneviève Lesourd**, syndicat professionnel autonome de l'énergie nucléaire.
M. **Christian Lorin**, Confédération française des travailleurs chrétiens.
M. **Jean Monnier**, Confédération générale du travail-FO.
M. **Jacques Olivier**, Confédération générale du travail.
M. **François Rollinger**, Confédération française démocratique du travail.

Des représentants d'associations ayant pour objet la protection de la nature et de l'environnement :

M. **Pierre Barbey**, Association pour le contrôle de la radioactivité dans l'Ouest.
M. **Pierre Delacroix**, Fédération des sociétés pour l'étude, la protection et l'aménagement de la nature dans le sud-ouest.
M. **Jean-Pierre Morichaud**, Forum Plutonium.

Des membres des administrations directement concernées

Le président de la commission interministérielle des installations nucléaires de base : M. **Yves Galmot**.

Le secrétaire général du Comité interministériel de la sécurité nucléaire : M. **Jacques Deschamps**.

Le directeur de la sécurité civile au ministère de l'Intérieur : M. **Michel Sappin**.

Le chargé de mission Atome auprès du délégué général pour l'armement au ministère de la Défense : M. **Emmanuel Duval**.

Le directeur général de l'industrie au ministère de l'Industrie, des postes et télécommunications et du tourisme : Mme **Jeanne Seyvet**.

Le directeur général de l'énergie et des matières premières au ministère de l'industrie, des postes et télécommunications et du tourisme : M. **Dominique Maillard**.

Le directeur des relations du travail au ministère des Affaires sociales et de l'Emploi : M. **Jean-Denis Combrexelle**.

Le directeur du service central de protection contre les rayonnements ionisants au ministère chargé de la Santé : M. **Jean-François Lacronique**.

Le directeur de la prévention des pollutions et des risques au ministère chargé de l'Environnement : M. **Philippe Vesseron**.

Assistent aux réunions du Conseil supérieur de la sûreté et de l'information nucléaires :

Le directeur de la DSIN [1] : M. **André-Claude Lacoste**.
Le secrétaire du CSSIN : M. **Jacques Ibert**.
Le délégué à l'information et à la communication au ministère de l'Industrie et du Tourisme : M. **Jean-Yves Larrouturou**.

Le directeur de l'IPSN [2] : M. **Michel Livolant**, puis M. **Daniel Queniart**, Administrateur provisoire de l'IRSN.

Sont en outre invités à assister aux réunions du Conseil :

Le directeur général de la santé : M. **Lucien Abenhaim**, représenté par M. **Jean-Luc Godet**.
Le directeur « sûreté, sécurité, qualité » de la COGEMA : M. **Jean-Pierre Laurent**.
Le directeur de la sûreté nucléaire et de la qualité du CEA : M. **Michel Lavérie**.

Chargée de communication : Mme **Dominique Donnet-Kamel**, ingénieur de Recherche de l'Inserm

Le président de l'association nationale des commissions locales d'information : M. **Gérard Niquet**.

1 Devenue DGSNR.
2 Devenu IRSN.

Annexe 2

Avis du CSSIN sur l'information de la population vis-à-vis des risques nucléaires susceptibles de résulter d'actions terroristes (12 novembre 2001)

Les événements du 11 septembre 2001 ont sensiblement modifié les questions relatives à la sécurité dans tous les domaines, y compris dans ceux des installations nucléaires et du transport des matières nucléaires.

Les pouvoirs publics ont fait connaître les mesures qu'ils ont prises en termes de protection contre les risques d'attentat. Le Conseil supérieur de la sûreté et de l'information nucléaires (CSSIN) souhaite qu'une information soit également fournie sur ce qui se passerait, s'agissant du nucléaire, dans l'hypothèse où un tel attentat aurait effectivement lieu, de façon à préparer au mieux la population et l'ensemble des institutions concernées à cette éventualité. Cette information s'inscrirait dans la même logique de responsabilités partagées que celle des « exercices de crise » vis-à-vis d'éventuels accidents nucléaires, dont le CSSIN recommande par ailleurs qu'ils se poursuivent selon des modalités renouvelées.

Les informations diffusées devraient porter sur la nature des risques auxquels la population pourrait être exposée en la circonstance, sur les moyens de mesure dont on disposerait pour en apprécier la gravité, sur les moyens d'intervention susceptibles de contrer les effets nocifs des sources de contamination radioactive ainsi libérées, sur les dispositifs de mise en œuvre opérationnelle de ces moyens en cas de besoin.

Le CSSIN est, pour sa part, prêt à participer à la préparation d'une telle information.

Le CSSIN souhaite par ailleurs qu'il soit demandé à toutes les institutions détentrices de sources radioactives, même en quantité limitée, une particulière vigilance et un renforcement systématique de leurs propres procédures de sécurité.

Glossaire des principaux termes techniques contenus dans le rapport

Les astérisques (*) renvoient à d'autres termes du glossaire

Actinides :
Famille d'éléments chimiques plus lourds que l'actinium (numéro atomique Z = 89) qui forment une série commençant par l'actinium et comprenant actuellement quinze éléments dont quatre existent à l'état naturel : le thorium (Z = 90), l'uranium (Z = 92) et à l'état de traces l'actinium (Z = 89) et le protactinium (Z = 91).
Parmi les actinides artificiels produits dans les réacteurs, le plus connu et le plus abondant est le plutonium*. Les autres actinides artificiels sont dits mineurs.

Becquerel :
C'est l'unité de radioactivité. L'activité est une grandeur qui caractérise une source radioactive. Elle est égale au nombre de désintégrations se produisant dans une source par unité de temps. Son unité est le Becquerel (Bq) 1 Bq = une désintégration par seconde.

Combustible nucléaire (fission) :
Matière formée d'éléments chimiques lourds susceptibles de fissionner sous un flux de neutrons en libérant de l'énergie. La fission des noyaux atomiques génère simultanément des neutrons qui entretiennent la réaction en chaîne*. Le combustible est retiré du réacteur notamment quand sa composition en isotope fissile n'est plus suffisante pour entretenir la réaction en chaîne*.
Dans le cas le plus courant qui est celui des Réacteurs à eau sous pression (REP), le combustible neuf est constitué

d'oxyde d'uranium enrichi* en uranium 235 ou d'un mélange d'oxydes d'uranium et de plutonium* (MOX) *. Après utilisation dans un réacteur nucléaire, on parle de combustible irradié ou usé.

Un réacteur REP de 1 300 MW comporte environ 100 tonnes de combustible. Un mode de gestion est le renouvellement de ce combustible par tiers tous les ans. Le combustible irradié et déchargé du réacteur se compose alors d'environ 33 tonnes d'uranium contenant 0,9 % d'uranium 235*, 1,2 tonne de produits de fission, 360 kg de plutonium*, 27 kg d'actinides mineurs* (14 kg de neptunium, 12 kg d'américium, et 1 kg de curium).

Cycle du combustible :

Le cycle de combustible est traditionnellement divisé en deux parties :

– le cycle amont qui couvre les opérations précédant la mise en réacteur du combustible : extraction et concentration du minerai d'uranium, enrichissement, fabrication du combustible ;

– le cycle aval qui couvre les opérations de gestion du combustible irradié ou usé : entreposage, éventuellement retraitement et stockage.

Déchets radioactifs :

Déchets contenant des produits radioactifs* susceptibles d'induire un risque d'irradiation et de contamination nécessitant une protection vis-à-vis des personnels de manutention et du public. Il s'agit par exemple de déchets provenant de structures directement activées internes au réacteur ou de produits de fissions vitrifiés après retraitement.

On caractérise les déchets par leur activité (très faible, faible, moyenne, haute) et leur durée de vie ou période radioactive (vie courte, vie longue).

Démantèlement :

Ensemble d'opérations techniques effectuées sur une installation nucléaire mise à l'arrêt définitif : retrait des matières

nucléaires et effluents, démontage, découpe, décontamination, traitement, confinement, évacuation des déchets. Le démantèlement a pour objet de supprimer ou diminuer les risques liés à la radioactivité* subsistant dans une installation nucléaire après l'arrêt définitif.
Il est habituel de considérer dans les opérations de démantèlement trois niveaux qui peuvent être résumés comme suit :
Niveau 1. Fermeture sous surveillance
Enlèvement définitif des matières nucléaires (à la fois très radioactives* et faciles à conditionner). Traitement, conditionnement et envoi dans un centre de stockage des effluents et déchets technologiques. Isolement des matériaux radioactifs restants par des barrières étanches.
Niveau 2. Libération partielle ou conditionnelle
Réduction au minimum du volume de l'enceinte radioactive*, renforcement de l'étanchéité et de la protection contre les rayonnements, permettant ainsi l'allégement de l'entretien et de la surveillance.
Niveau 3. Libération totale
Enlèvement de tout ce qui présente encore de la radioactivité* susceptible d'entraîner pour le public des doses supérieures aux limites fixées par la réglementation, notamment les éléments de structure de l'installation. Réutilisation du site possible, avec ou sans restriction.

Fissile, fertile :
Les isotopes* des éléments chimiques introduits comme combustibles dans un réacteur nucléaire se répartissent en deux grandes catégories :
– les isotopes fissiles qui sont susceptibles de fissionner sous l'impact d'un seul neutron ;
– les isotopes fertiles qui ne fissionnent pas en général directement, mais commencent par capturer un neutron. Ils se transforment ainsi en de nouveaux isotopes, dont certains sont fissiles et susceptibles de fissionner sous l'impact d'un autre neutron.

Dans le combustible nucléaire, une certaine proportion d'isotopes fissiles spécifique à chaque type de réacteur est nécessaire pour le maintien de la réaction en chaîne*.

Gray :

C'est l'unité qui représente l'énergie reçue par la matière soumise aux rayonnements ionisants. Lorsque le noyau se désintègre, il émet des rayonnements ionisants*. Lors de l'interaction avec la matière, ces rayonnements y cèdent de l'énergie. La quantité d'énergie cédée par unité de masse de matière est appelée : dose absorbée (D). L'unité est le Gray (Gy) qui est = à 1 joule par kilogramme.

Isotopes :

Éléments, dont les noyaux atomiques, possèdent le même nombre de protons (ce nombre est le numéro atomique Z), mais un nombre différent de neutrons. Ils ont le même nom et les mêmes propriétés chimiques. On désigne chaque isotope d'un élément donné par le nombre total de ses protons et neutrons (c'est le nombre de masse A). On connaît actuellement 325 isotopes naturels et environ 1 200 isotopes créés artificiellement.

MOX :

Combustible composé d'un mélange d'oxyde d'uranium* et d'oxyde de plutonium*.

Période radioactive :

La période radioactive d'un radio-nucléide* est le temps au bout duquel le nombre des noyaux de ce radio-nucléide initialement présents a diminué de moitié par désintégration spontanée. Cette période varie avec les caractéristiques de chaque radio-nucléide, par exemple : 110 minutes pour l'argon 41, 8 jours pour l'iode 131, 12 ans pour le tritium, 24 000 ans pour le plutonium 239 et 4,5 milliards d'années pour l'uranium 238.

La radioactivité est divisée environ par 1 000 au bout de dix périodes.

Plutonium (Pu) :
C'est un radio-élément* artificiel et un actinide* de numéro atomique Z = 94. Le plutonium 239, isotope fissile*, est produit dans les réacteurs nucléaires à partir de l'uranium 238. D'autres isotopes dont certains sont fissiles sont également produits en réacteurs.
La présence d'isotopes fissiles permet l'utilisation du plutonium dans la fabrication des combustibles nucléaires. Il peut remplacer l'uranium 235 dans les combustibles de réacteurs REP (combustibles MOX*), ou servir à la fabrication des combustibles pour les réacteurs à neutrons rapides.
Le plutonium est un produit radiotoxique dont la gestion doit répondre à des normes très strictes.
Produits de fission :
Les réacteurs nucléaires produisent de l'énergie à partir de la fission, c'est-à-dire de la fragmentation de noyaux fissiles : uranium 235, plutonium 239 et 241... L'ensemble des fragments de fission et de leurs descendants sont appelés « produits de fission » (PF) ; exemples : ^{90}Sr, ^{106}Ru, ^{137}Cs, ^{144}Ce, ^{144}Pr, ^{147}Pm, ^{151}Sm, ^{154}Eu, ^{155}Eu.
Les produits de fission présents dans les combustibles usés constituent avec les actinides* non recyclés l'essentiel des déchets radioactifs. Leur activité est dominante au départ, mais, pour la plupart d'entre eux, elle disparaît plus rapidement que celle des actinides*.
Rayonnements ionisants :
Les rayonnements ionisants sont des rayonnements composés de photons ou de particules capables de provoquer la formation d'ions par arrachement d'électrons, directement ou indirectement. Les rayonnements ionisants sont produits par des sources radioactives, des réacteurs nucléaires* ou des accélérateurs de particules. En traversant les tissus vivants les rayonnements ionisants peuvent entraîner des lésions, des brûlures et des mutations génétiques dans les cellules de l'organisme.

Radioactivité :
Propriété de certains noyaux atomiques d'émettre spontanément des particules (alpha, bêta) et/ou un rayonnement gamma.

Radioélément :
Le terme radioélément désigne les éléments chimiques dont *tous* les isotopes* sont radioactifs. Ce sont le technétium (Z = 43), le prométhéum (Z = 61) et tous les éléments à partir du Polonium de numéro atomique Z = 84. Seul un petit nombre de radioéléments existent quantitativement à l'état naturel, tels le thorium (Z = 90), l'uranium (Z = 92), le radium (Z = 88)... D'autres sont produits artificiellement tels le technétium, le prométhéum, les transuraniens (Z > 92).

Radio-nucléide ou radio-isotope :
Le terme radio-nucléide ou radio-isotope s'applique à tous les isotopes* radioactifs. Un élément chimique peut avoir des isotopes* stables et des isotopes* radioactifs dits radio-nucléides.

Radon :
Le radon (Z = 86) est un gaz radioactif*. Il provient de la désintégration de l'uranium et du thorium présents dans la croûte terrestre.

Réacteur à eau sous pression (REP) :
Ce terme désigne un réacteur nucléaire utilisant l'uranium enrichi* ou le MOX* comme combustible, et de l'eau ordinaire comme fluide caloporteur et comme modérateur de l'énergie des neutrons.

L'eau est maintenue à haute température (330 degrés Celsius) et à haute pression (155 bars) afin d'éviter sa vaporisation.

Les cinquante-huit réacteurs du parc électronucléaire français sont de ce type. Cette filière compte le plus grand nombre d'unités en service dans le monde.

À titre d'exemple, en moyenne, on peut estimer qu'un réacteur de 900 MW produit chaque mois de l'ordre de 500 000

MWh, ce qui correspond à la consommation en électricité d'environ 500 000 ménages.

Réaction nucléaire en chaîne :

La réaction nucléaire en chaîne est le processus dans lequel des neutrons cassent des noyaux lourds (fission) en noyaux plus petits avec une production de neutrons. Ces neutrons à leur tour peuvent casser d'autres noyaux lourds. Dans les réacteurs nucléaires, cette réaction en chaîne est maîtrisée et produit de l'énergie.

Retraitement :

Le retraitement des combustibles irradiés permet de séparer l'uranium*, le plutonium*, les produits de fission et les actinides mineurs. Une partie du plutonium séparé sert actuellement à la fabrication de combustible MOX. L'uranium et le reste du plutonium sont entreposés. Les produits de fission* et les actinides mineurs*, représentent environ 4 % du contenu initial. Ils forment les déchets et sont vitrifiés.

Sievert :

C'est l'unité qui permet d'évaluer le risque associé aux effets nocifs des rayonnements ionisants sur la matière vivante (tissus, organes). À dose absorbée égale (voir Gray*), les effets produits dans la matière vivante dépendent de la nature et de l'énergie des rayonnements auxquels elle est soumise, mais aussi de la radiosensibilité des tissus. L'unité est le Sievert (Sv). Le millisievert est le sous multiple le plus souvent utilisé (mSv = 10^{-3} Sv).

Attention : cette unité ne s'utilise que dans les cas de faibles doses pour les effets appelés stochastiques ou aléatoires et non pour des fortes doses donnant lieu à des effets déterministes.

Source scellée :

Source constituée par des substances radioactives* solidement incorporées dans des matières solides inactives, ou scellées dans une enveloppe inactive présentant une résistance suffisante pour éviter, dans les conditions normales d'emploi, toute dispersion de substance radioactive.

Source non scellée :

Par opposition à « source scellée » : source constituée de substances radioactives* incluses par exemple dans des conteneurs facilement ouvrables, donc aisément dispersables (souvent à l'état liquide ou gazeux).

Transuraniens :

Éléments chimiques qui, dans le tableau périodique, forment une série située immédiatement après l'uranium* (Z = 92). Les principaux transuraniens sont : le neptunium, le plutonium, l'américium, le curium.

UNGG (uranium naturel – graphite – gaz) :

Première filière industrielle française de réacteurs nucléaires, utilisant un combustible à base d'uranium naturel*, un modérateur à base de graphite et comme fluide caloporteur le gaz carbonique. Les six réacteurs EDF de cette filière sont tous arrêtés.

Uranium :

Radioélément naturel de numéro atomique Z = 92. L'uranium se présente à l'état naturel sous la forme d'un mélange comportant trois isotopes : 234 (dans la proportion de 0,01 %), 235 (dans la proportion de 0,71 %) et 238 (dans la proportion de 99,28 %). Seul l'isotope 235 est fissile*, c'est-à-dire susceptible de subir directement la fission sous l'effet de neutrons. L'uranium 238 est fertile*, c'est-à-dire capable de se transformer en combustible fissile* (plutonium 239) par absorption d'un neutron.

Uranium appauvri :

Uranium dont on a diminué la proportion en isotope 235* (au profit de l'uranium enrichi). Une faible partie sert aujourd'hui dans la confection de combustible MOX* et le reste est entreposé. Il peut aussi constituer un combustible pour les réacteurs à neutrons rapides.

Uranium enrichi :
Uranium dont on a augmenté la proportion en isotope 235*. Pour rendre l'uranium utilisable dans un réacteur à eau sous pression, la proportion en isotope fissile 235* est enrichie à hauteur de 4 % environ. Cette opération industrielle d'enrichissement a lieu par diffusion gazeuse ou par ultracentrifugation.

Imprimé en France par INSTAPRINT S.A.
1-2-3, levée de la Loire – LA RICHE – B.P. 5927 – 37059 TOURS Cedex 1
Tél. 02 47 38 16 04

Dépôt légal 4e trimestre 2002